竹自転車と
サステナビリティ

世界の竹自転車づくりから学ぶサステナブルデザイン

岩瀬大地

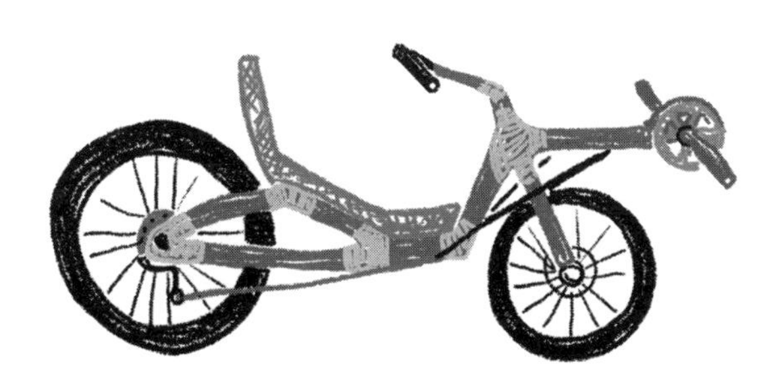

まえがき

「竹」[1]は、南極やヨーロッパを除く全大陸に自生するといわれ、世界全体における竹林の面積は約3900万ヘクタールと見積もられている[2]。南極はともかく、ヨーロッパにも竹は無いわけではないが、もともと自生していたのではなく、19世紀の始めに園芸用に持ち込まれ、栽培されたものといわれている。木に比べ成長がとても早く、環境負荷も小さく、どこにでもある再生可能な竹は、古くから世界中で衣、食、住、文字の記録、楽器、漁具、遊具、日用品など、暮らしの身近なところで使われ、地域分散型のモノづくりの主要な材料として使われてきた。

「竹」の部首を持つ漢字が1181字あることからもわかるように、日本においても暮らし中で使われる多くのモノが、竹を使ってつくられていた[3]。しかし、近代になると資源を世界中から一ヶ所に集め、モノを大量生産する資源集約型のモノづくりが台頭し、更には高度経済成長期になると化石燃料由来のプラスチックが大量生産・大量消費されるようになると、地域の生態系と地域の人々が織りなし、比較的自立していたモノづくりのエコシステムは各地で崩壊し、竹は、日常の暮らしから姿を消していった。

竹が使われなくなった結果、各地で放置竹林が拡大し、雑木林は枯れ、生物多様性は低下し、枯死した地下茎が土砂・土壌崩壊の危険を高めるなど、地域の厄介者として煙たがられている。竹関連の産業は、世界で2億5000万人以上の暮らしを支えている一方で、アジアや中南米のグローバルサウスにおいて竹は「貧者の木材」と呼ばれ、劣悪な資材とみなされている[4]。

しかし、世界を見渡せば、竹に新たな可能性を見出し、どこにでもある竹や身の回りにある自然素材を寄せ集めて、自分の手でブリコラージュ的[5]に自転車をつくったり、竹自転車[6]を地域再生や社会課題の解決に活用したりする事例が次々と生まれてきている。地域に地球環境時代に合った、新しい生活文化や経済活動を育み、地域社会が抱える課題や自然環境問題を解決し、地域をもっと持続的に発展させていこうとするエコ・ソーシャルな取り組みが自発的・同時多発的に起こっているのである。

世界の取り組みを見てみると、長い間、自転車のような工業製品は市場を通してメーカーから購入することが当たり前で、一部の自転車愛好家を除き消費者としての役割しか与えられなかった一般の人々が、インターネットを通じたデータの共有やデジタルファブリケーション技術、自由ソフトウェアを駆使して、竹のようにどこにでもある再生可能な自然資源を使って、生産者として自らの手で自由に必要なモノや欲しいモノをつくる、そんなモノづくりの革命が静かに進行している。筍が春になると、どんどん生えてくるように、竹自転車の取り組みも世界中でどんどん地域分散的・自発的に生まれてきており、グローバルノースの大企業に独占されていた自転車づくりに民主化・ローカル化が起こっているのである。

筆者も長く携わり、本書に登場するインドネシアの農村でも、地域に自生する竹を使って自転車という「モノ」をつくり、その自転車を活用してグリーンツーリズムという「コト」を村に興すことで、地域に雇用を生み、農業や伝統工芸など、地域にある既存の経済活動を活性化し、農村をもっとサステナブルに発展させていこうとするプロジェクトが始まっている。またここ日本でもインドネシアの取り組みに刺激され、竹や地域材などの地域資源を活用したデザインによって、地域の課題を解決し、地域をもっとサステナブルにしていこうとするプロジェクトが始まっている。

今、日本では「地域活性化」や「地方創生」が叫ばれ、全国各地で地域社会の持続可能な発展を目的にした、様々な取り組みが行われている。成長がとても早く、環境負荷も小さく、地球温暖化を緩和し、どこにでもある再生可能な「竹」を使ったモノづくりや竹自転車を活用したコトづくりは、竹が豊富にある日本のこれからの新しい地域社会の持続可能な発展モデルとして大いに参考になるのではないかと思う。

そこで本書では、世界各地で行われている竹自転車の取り組みを Sustainable Development Goals（ＳＤＧｓ）の視点から捉えていく。ＳＤＧs

図1：ＳＤＧｓ　©国際連合広報センター

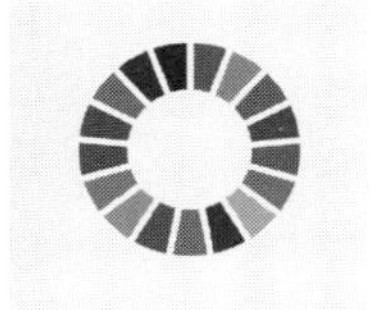
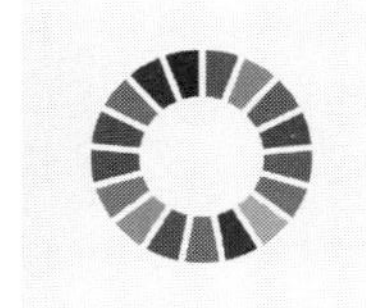

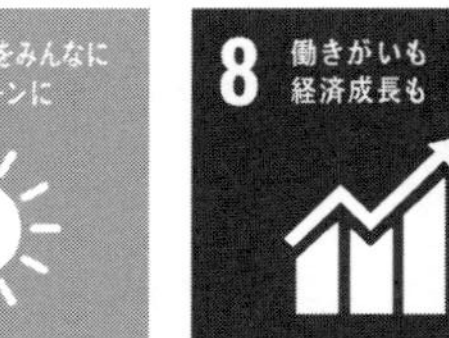

は「誰一人取り残さない」という信念のもと、2015年9月にニューヨークの国連本部で開催された国連サミットで、政治的なイデオロギーや先進国・途上国の力の差を越えて、国連加盟国193カ国が賛同し、国際社会の共通目標として2030年までの達成を目指し採択された持続可能な発展目標のことである（図１)。そしてＳＤＧｓの達成には、国だけに任せるのではなく、自治体や企業、ＮＰＯ・ＮＧＯ、市民など、全ての人が取り組むことが求められている。

デザインにおいてＳＤＧｓを取り入れていくには、ＳＤＧｓは持続可能ではない社会を持続可能なものに変革するデザイン目標、つまり「Sustainable Design Goals」であるという認識を持つことが重要になる[7]。このようにＳＤＧｓを捉え直すことによって、デザインは狭い意味での「モノ」のデザインだけでなく、例えば、「貧困を削減するためのデザイン」や「陸の豊かさを守ためのデザイン」など、ＳＤＧｓを達成するための活動やプロジェクトもデザインとして捉えることができるようになる。本書では、世界各地で行われている竹自転車の取り組みがＳＤＧｓを促進するツールとしての効果を俯瞰的に見ていく。従って本書は、竹自転車の設計工学に関する内容ではない。

最後に、この本に登場する竹自転車の取り組みの多くは、ロンドンやミラノ、ニューヨーク、東京など、華やかな商業デザインの中心部からずっと離れた、周縁部でしかも自主的に始まった取り組みばかりである。世界中のローカルで始まっている取り組みが様々な人を巻き込み、地域社会を少しずつ変革し始めている。歴史を見れば明白であるが、変革は常に中心から離れた周縁部から始まる。本書を通して世界各地の竹自転車の取り組みを知ってもらい、自ら始めたり、または参加することで、ＳＤＧｓ達成をより推進し、社会をサステナブルに変革していく一助になれば幸である。

岩瀬大地
東京造形大学造形学部プロジェクト科目准教授
一般社団法人Spedagi Japan理事

目 次

まえがき …… 3

第一部 世界各地の竹自転車づくりとＳＤＧｓ 11

世界中でつくられ始めた竹自転車 …… 12
ブーマーズ（ガーナ・アシャンティ州）…… 19
ザンバイクス（ザンビア・ルサカ市）…… 23
バンバイク（フィリピン・マニラ市）…… 27
ブラウンバイク（タイ・チェンマイ市）…… 32
バンブーチバイシクル（インド・マハーラーシュトラ州）…… 35
アバリ（ネパール・カトマンズ市）…… 38
バンブーバイク北京（中国・北京市）…… 42
シンプルバイクス（中国・成都市）…… 46
ベトバンブーバイク（ベトナム・ホーチミン市）…… 48
イーストバリバンブーバイクス（インドネシア・バリ州）…… 52
バンブーライド（オーストリア・ウィーン市）…… 56
クロスオーバー（オーストリア・グラーツ市）…… 59
マイブー（ドイツ・キール市）…… 62
プロジェクトライフサイクル（オランダ・ユトレヒト市）…… 65
バンブーバイシクルクラブ（イギリス・ロンドン）…… 68
ブレイズバンブーバイク（フランス・ブレスト市）…… 72
バンブーバイシクルツアー（スペイン・バルセロナ市）…… 76
マスエリデザイン（アルゼンチン・ロサリオ市）…… 79
アートバイクバンブー（ブラジル・ポルト・アレグレ市）…… 82
バンブーサイクルズ（メキシコ・メキシコシティ）…… 86

バンブーバイクスハワイ（アメリカ・ハワイ州）…… 90
第一部総括 …… 94

第二部　スペダギ竹自転車プロジェクトとサステナビリティ　101

インドネシアについて …… 102
インドネシアのＳＤＧｓ達成状況について …… 106
インドネシアの農村で始まったサステナブルな取り組み…… 108
ビレッジデザイナー、シンギー・スシロ・カルトノ …… 110
シンギー氏が考える未来の村の姿 …… 112
マグノのモノづくり …… 114
シンギー氏のデザイン観 …… 120
ビレッジデザインの課題 …… 121
スペダギの始動…… 122
スペダギムーブメントの展開 …… 128
スペダギジャパンの始動 …… 139
スペダギ阿東プロジェクト …… 140
スペダギ東京プロジェクト …… 148
スペダギジャパンと連携した東京造形大学プロジェクト科目授業 151
第二部総括 …… 168

結論　竹自転車づくりから学ぶサステナブルデザイン　173

あとがき …… 182
本書で登場した企業・団体一覧…… 183
注 …… 184

第一部
世界各地の竹自転車づくりとＳＤＧｓ

世界中でつくられ始めた竹自転車

■世界初の竹自転車

世界最初の自転車は、1817年にドイツのドライス男爵が「ドライジーネ」という車輪以外は自然素材の木材でつくられ、ペダルもクランクもなく、地面を足で蹴って進むキックバイクを発明したのが最初と言われている。19世紀を通してマクミラン型[8]やミショー型[9]、オーディナリー型[10]自転車など、様々なデザインの自転車が考案された。1885年には、ジョン・ケンプ・スターレーが、今日の自転車の祖型となるローバー安全型自転車をつくり、ジョン・ボイド・ダンロップが1888年に空気入りタイヤを発明したことで、自転車は急速に実用化され、社会に普及していったといわれている[11]。

竹自転車は、自転車が社会に急速に普及していく中で、イギリスのバンブーサイクル社が1894年に特許を取得し、同年にロンドンで開催された「ザ・

世界初の竹自転車　©Sterba Bike

スタンレー・サイクル・ショー」で展示発表したのが最初といわれている。この竹自転車は丸竹を金属製のラグに差し込み、フレームを組み上げている[12]。

竹が自生していない場所で世界最初の竹自転車がつくられた事実は興味深い。恐らく19世紀の前半から園芸用の植物として、ヨーロッパに入って来たものを使ったと思われる。しかし一本一本形状も寸法も異なる竹を使って自転車を大量生産し増大する需要に応えるには、合理的な素材とは言えず、結果的に竹自転車はあまり普及せずに、やがて工業用金属が大量生産されるようになると、自転車フレームは、スチールやアルミニウム、チタン、カーボンファイバーなどを使い、資本集約的につくられるようになり、竹自転車は消えていった。

■再び注目され始めた竹自転車

ところが、1992年にブラジルのリオ・デ・ジャネイロで開催された地球サミット[13]以降、サステナブルなモノづくりやエコロジカルなライフスタイルが強く求められるに伴い、世界各地で二酸化炭素や大気汚染物質を排出しない地球環境に優しい乗物として自転車が注目され、スチールやアルミニウム製の自転車に代わって、非常に軽く、振動吸収性に優れ、丈夫な竹を使った自転車づくりが、未来のサステナブルな乗物として再評価され、再び活発に行われ始めている。また竹の機械的性質だけでなく、竹が木に比べ、再生可能で成長が早く、40%以上も二酸化炭素を吸収し、約35%も多く酸素を生み出し、地球温暖化緩和に貢献するという竹の持つ性能が、今の時代にあったサステナブルな素材として登場してきていることも、竹自転車づくりを後押ししている。

そして何よりも重要な点は、自転車のデザインや製作は、熱心な自転車愛好家を除いて、多くの人々にとっては個人の能力や創造性を越え、個人の手で扱えるものではないと思われてきた。しかしデジタルファブリケーション技術の普及やインターネットを通じた設計データの共有、自由ソフトウェアの拡散など、モノづくりのオープン化によって、ユーザーはデザインされたモノを受動的に消費するのではなく、自分自身でデザインを積極的に生み出せるインフラストラクチャーが整い始めている[14]。このようなモノづくりの変革が根底で起こっていることも世界各地での竹自転車づくりを後押ししているように感じる。

竹自転車づくりの最初のきっかけをつくったのは、1995年にアメリカ人のクレイグ・カルフィーが発表した竹自転車のプロトタイプである。最初のプロトタイプは、家族や友人のためにつくられ、生産台数も12台だけであったが、2005年から竹自転車の本格的な製作が始まった[15]。そして1995年からブラジル人のフラビオ・デスランデスが、リオデジャネイロカトリック大学の学生時代にテンセグリティ構造[16]を持つ軽い竹自転車フレームの開発研究を始め、1998年に開催された第5回世界竹会議で最初のプロトタイプ（卒業製作作品）を発表した[17]。続いて2009年に開催されたミラノサローネで工業デザイナーのロス・ラブグローブがデスランデスと共同開発し発表したスタイリッシュな竹自転車が、世界各国のデザイン雑誌やデザイン情報サイトに掲

クレイグ・カルフィーの竹自転車　©Calfee Design

フラビオ・デスランデスの卒業製作　©Flávio Deslandes

ロス・ラブグローブの竹自転車　©Ross Lovegrove

載され、世界的な注目を集めた[18]。

1992年の地球サミット以降、このように竹を活用した自転車の研究開発が世界的に広がり社会実装されていったが、木に比べ成長がとても早く、環境負荷も小さく、どこにでも自生していて、パイプの類似形である丸くて中空構造を持つ竹を自転車フレームの代替素材として使うようになったことは、自然の流れと言える[19]。

■世界各地でつくられる竹自転車

現在、竹自転車に関連するプロジェクトは、竹が自生していないと言われるヨーロッパも含め、28ヶ所以上の国と地域で取り組まれている。図２の竹自転車ワールドマップを眺めてみると、アフリカや南米、東南アジア諸国など、伝統的な自転車生産国（例えば日本、ドイツ、イタリア、アメリカ、台湾など）ではない国々でも多く取り組まれていることがわかる。竹でつくっている部分は自転車フレームのみが多く、ハンドル、ブレーキ、ハブ、ギア、フォーク、クランク、スポーク、リム、タイヤなど、主要部品の多くは、自転車生産国で生産された既製品を購入し組み立てている。その意味では自転車を完全に自給しているわけではなく、100％竹製ではない。自転車産業は裾野が広い産業であるため、自国生産する場合、数多くの部品を自国で生産できなければならないが、どこにでもある竹を使って各地で自転車フレームをつくれるようになると、部品さえ入手できれば完成車の生産が可能となる。

本書では、竹がもたらすこの地域分散化した自転車づくりや竹自転車を活用した活動が、地域社会が抱える課題の解決やＳＤＧｓ達成を推進するという点に注目する。すべてのプロジェクトが、ＳＤＧｓを意識して取り組まれているわけではない。むしろ意識されずに取り組まれている場合が多い。しかし、プロジェクトの実施主体が、ＳＤＧｓを意識しパーパス（存在意義）に据え直すことで、より大きく社会を変革する力が発揮され、包括的にＳＤＧｓを推進する取り組みにアップデートされる可能性がある。

どこにでもある竹を使った自転車づくりは、草の根的に取り組まれており、恐らく、このマップに掲載されていないプロジェクトも世界中に無数にあると思われる。そして今後も世界各地で自然発生的に生まれてくると考え

図2：竹自転車ワールドマップ　筆者作成

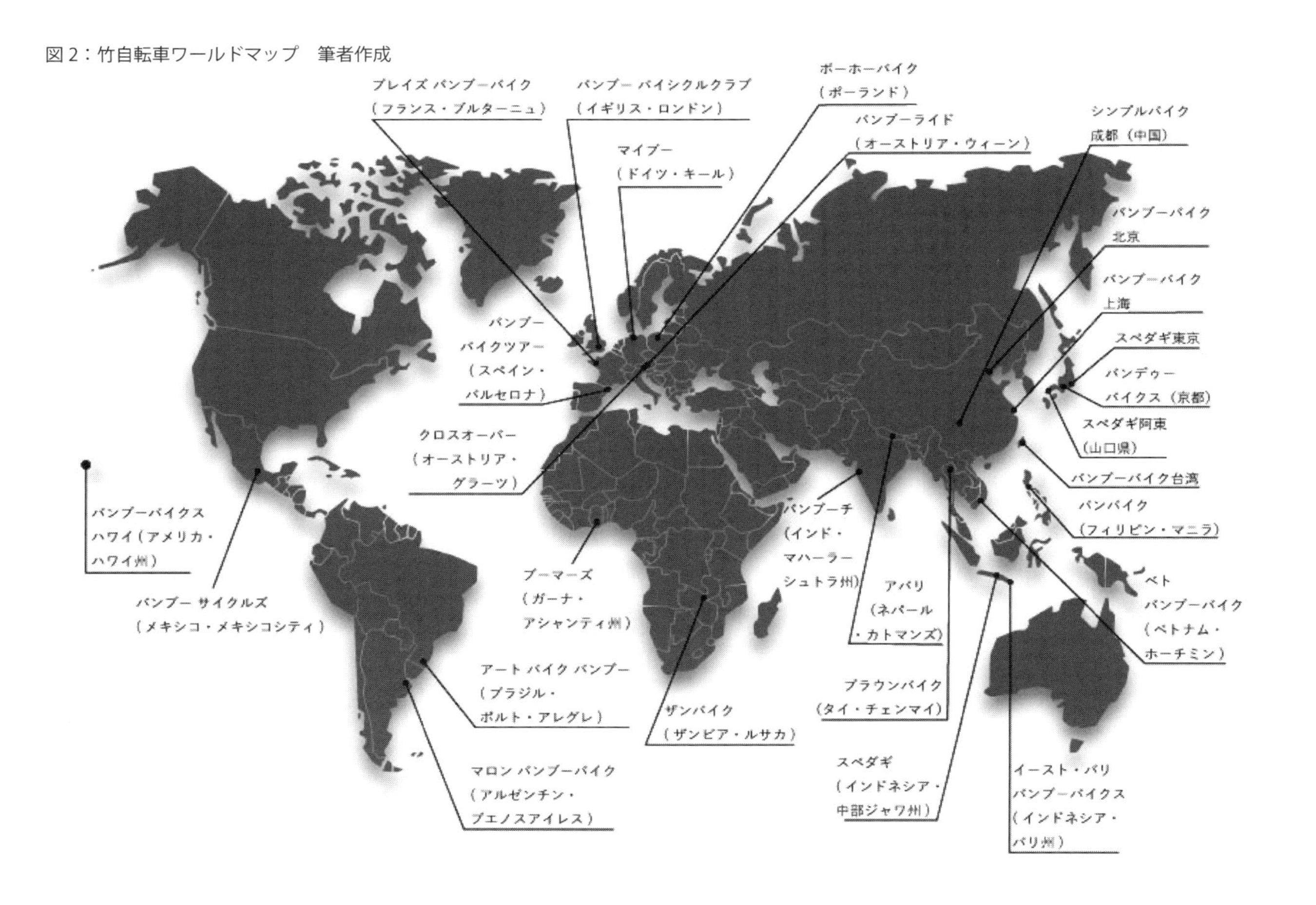

られる。サステナブルな社会への変革が叫ばれる中、竹自転車プロジェクトが単なる物珍しさや地球環境に優しい乗り物の普及というレベルを越えて、サステナブルな社会変革の担い手としての役割を積極的に果たせるように、本書ではＳＤＧｓの視点から竹自転車を見ていく。

第一部では、世界各地でどのような竹自転車がつくられ、どのようなプロジェクトが行われ、どのようなインパクトを生んでいるかＳＤＧｓの視点から見ていく。第二部では、筆者が長年携わっているスペダギプロジェクトを事例により詳しく竹自転車とＳＤＧｓの関係を見ていく。

ブーマーズ（ガーナ・アシャンティ州）

■ガーナにサステナブルな変革を生み出す竹自転車づくり

ブーマーズ（Boomers）は、クワベナ・ダンソがガーナのアシャンティ州にある自分の故郷、ヨンソ村で2014年に立ち上げた社会的企業[20]である。ブーマーズは、ダンソがガーナ大学の友人と共に、小学児童、特に女子児童の教育を支援するため、ヨンソ財団が実施しているヨンソ・プロジェクトから生まれた。ヨンソ村で地元の竹を使って自転車をつくり、ガーナ市場や海外市場にブーマーズのホームページや欧米の代理店を通して販売している。ブーマーズでは、マウンテンバイクやシティサイクル、三輪車、自転車用のスタンド、前籠など、幅広い製品を地元の竹からつくっている。また竹自転車フレームのみの製造販売も行なっている。

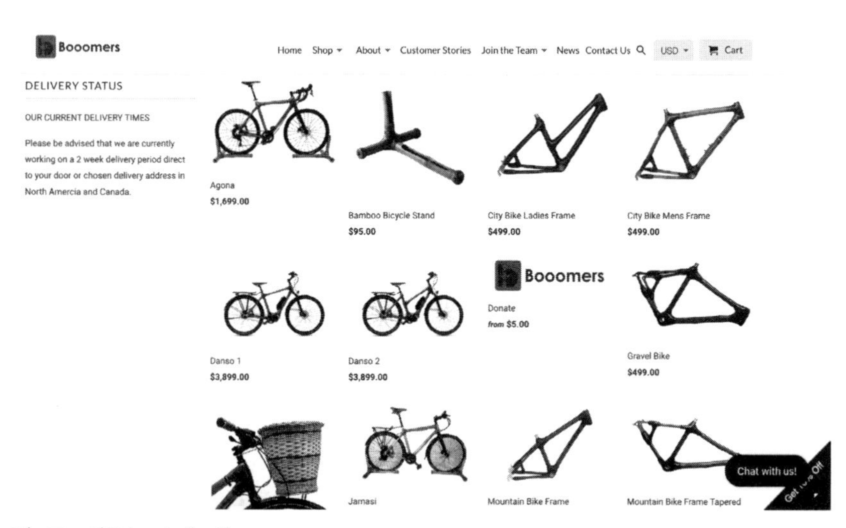

ブーマーズのホームページ

ブーマーズの始まりは、2009年にダンソが、自転車フレームビルダーの先駆者として有名なクレイグ・カルフィーと出会ったことがきっかけだった。カルフィーは、アメリカ人として初めてツール・ド・フランスを制したグレッグ・レモンのためにカーボンファイバー製の自転車フレームをつくったビルダーで、2008年からザンビアなどの発展途上国を中心に「バンブーゼロ」という竹の自転車フレームを製作するプロジェクトに取り組んでいた。そしてダンソがカルフィーに出会った時、竹を使った自転車について教えてくれたのである[21]。

ダンソは、自分の地元に豊富にある「竹」を活用すれば、美しく、高品質な竹製品がつくれるだけでなく、村に新しい産業を生み、地域社会に持続可能な発展をもたらすことに気づき、ヨンソ村に工場を建設した。ブーマーズの活動目的は、質の高い竹自転車や竹自転車用品をつくることで農村に雇用を創出し、地域交通や輸送の問題を改善し、農村に住む若い人たちの技能や収入を向上し、気候変動問題を軽減し、究極的には、農村に経済的自由をもたらすことである。実際ブーマーズでは、村に住む18歳から29歳の若い人たち、特に学校を退学し、就職が難しい人たちを50名以上雇用している。従業員は、職業訓練によって熟練労働者になり、相応の賃金や社会福祉、昼食、医療給付を得ることができる。

ブーマーズが使用する竹は、約200名の地元農家と連携し、森林農業[22]の一環として栽培された竹を使用している。また森林が破壊された場所に植林された竹も使っている。竹の伐採には、20名の労働者を間接的に雇用しており、竹栽培と伐採によって、地元の人々の収入を向上させるだけでなく、土壌浸食や生物多様性の減少も防いでいる。伐採された竹は、白蟻に食われたり、ひび割れたりしないように3ヶ月から6ヶ月間かけて加工処理したものを使用している。自転車フレームは、地元で採取されたサイザル麻で加工した竹とラグを結束し、植物性由来のエコ樹脂で固定している。竹フレームはクリア塗装で防水加工を施し仕上げている。工場で使用する工作機械は、太陽光発電を使用する徹底ぶりである[23]。

現在までブーマーズは、竹自転車を4000台以上製作してきた。ブーマーズの理念に共感するヨーロッパや北米にいる仲間が、竹自転車を輸入し欧米市場に販売している。今後は、年間生産5000台から6000台を目指している。竹自転車の価格は完成品の状態では、1399アメリカドル（約15万4000円）から1699アメリカドル（約18万7000円）で、フレームのみだと、499アメリカドル（約5万5000円）から599アメリカドル（約6万6000円）で購入できる。平均月収が、約4600円のガーナでは非常に高価なものであるが、収益の15％はヨンソ財団に寄付される。

ブーマーズはユニセフと協力して地域の小学校に150台の竹自転車を通学用に寄付し、学校に毎日通うことを可能にした。そして毎年70名の小学児童、30名の上級児童、10名の大学生に奨学金を収益の一部から拠出している。更に8つの図書館、5つのコンピューター教室を整備し、3000人以上の児童たちを支援してきた。ブーマーズでは、女性の雇用を積極的に進めており、5人いる経営陣の内、2人が女性で今後は拡大する計画である。

ヨンソ・プロジェクト　©Yonso Project

■ＳＤＧｓとの関連性

ブーマーズの取り組みをＳＤＧｓの視点で見ると、(1) 貧困率の高い農村に新しい産業と雇用を生み、そして自転車に使用する竹の栽培や収穫する地元の農家を支援し、収入を向上させることで、目標1の「貧困をなくそう」の達成を促進している。(2) 売上の一部を奨学金や図書館建設やコンピューターラボの整備に拠出し、更に通学用自転車の寄付を行うなど、教育へのアクセスを高めており、目標4の「質の高い教育をみんなに」の達成に貢献している。(3) 経営陣に女性を積極的に採用し、女性の参画や平等なリーダーシップの機会を創出しており、目標5の「ジェンダー平等を実現しよう」の達成につながっている。(4) 従業員は、職業訓練や相応の賃金、社会福祉、昼食、医療給付を得ることができる。またブーマーズの成長は、地域に経済発展をもたらし、目標8の「働きがいも経済成長も」の達成につながっている。(5) 竹自転車は地域の産業を多様化し、地元の再生可能な自然資源を活用することで、付加価値の高い製品を生み出しており、目標9の「産業と技術革新の基盤をつくろう」を促進している。(6) 学校を退学し、就職が難しい人を積極的に採用し、若い人びとを家族や地域に留まらせることで職業格差を無くし、目標10の「人や国の不平等をなくそう」の達成に貢献している。(7) 地域に安価で、安全で、容易に利用でき、環境にも優しい移動手段を無償で提供しており、目標11の「住み続けられるまちづくりを」を促進している。(8) 竹自転車を手や再生可能エネルギーで動く工作機械でつくることで、温室効果ガス排出が抑制されるため、目標12の「つくる責任、つかう責任」の達成に貢献している。(9) 土地固有の竹を使用することでサステナブルな竹栽培につながり土壌浸食や生物多様性の減少を防ぐため、目標15の「陸の豊かさを守ろう」の達成につながっている。(10) ブーマーズは、欧米にいる仲間たちとグローバル・パートナーシップを構築することでソーシャルビジネスを展開しており、目標17の「パートナーシップで目標を達成しよう」を促進している。

ブーマーズは、現地の人々が現地の人々のために、地元にある竹という再生可能な自然資源と地元の人材という社会資源を使って、主体的に竹自転車づくりを行うことで、地域に新しいモノづくりのエコシステムの形成を促し、結果的にＳＤＧｓの複合的な達成に向けた好循環を生んでいる。一方的で現地の事情を顧みない、グローバルノースからアフリカの国々に送られる自転車や古着の寄付や援助が、時に自らの力で立ち上がろうとするアフリカの人々の意思を無力化させてしまったり、大量廃棄物を生んだりする事例の報告[24]があるが、ブーマーズの竹自転車づくりはサステナブルなガーナの未来を自らの手によって切り拓いている事例である。

ザンバイクス（ザンビア・ルサカ市）

■ザンビアの暮らしを変える竹自転車づくり

ザンバイクス（Zambikes）は、アメリカ人のボーガン・シュペートマンとダスティン・マクブライドが、ザンビア人のムウェワ・チカンバとガーショム・シカアラと共同で、2007年に南アフリカにあるザンビアの首都ルサカ市で始めた社会的企業である。

ザンバイクスは、シュペートマンとマクブライドが、カリフォルニア州にあるアズーサ太平洋大学在学中に参加した実地見学旅行でザンビアを訪問した時、地元の人たちから温かい歓待を受ける一方、失業率が60％もあり、人口全体の60％以上の人々が1日1.25ドル以下で生活しているという、ザンビアの社会状況に衝撃を受けたのがきっかけで始まった。ザンビアでは道路状況が悪かったり、道路がそもそもないため、職場や学校、市場、診療所へ行くのが困難だったり、自転車があったとしても質が悪く使い物にならないなど、移動や輸送の問題が経済的苦難の原因の一つであることを知った2人は大学卒業後、ザンビアに戻った。

そしてチカンバとシカアラと共に、地元の人々を雇用して、ザンビアの人々がザンビアの人々のために、安価で質の良い自転車をつくることで地域に雇用を生み出し、ザンビアの人々の暮らしを向上することを目的とした自転車つくりが始まった。これは、ザンバイクスのスローガン「Not only building but changing lives（自転車をつくるだけでなく暮らしを変える）」にも明確に表明されている。ザンバイクスは、貧困地域にいる地元の人を40人雇い、安価な移動手段を提供するという地元のニーズに応え、1万台のスチール製の自転車を1台1台手づくりで生産している。特に経済的に恵まれず、学歴が低い人々を積極的に雇用し、現任訓練を通し管理職や自転車職工などを育成している。

ザンバイクスでは、燃料や道路がないような場所では、家から近くの診療所まで病人や妊婦を搬送できるように設計されたザンビュランス（Zambikesと救急車のAmbulanceを組み合わせた造語）という自転車型の救急車やザンカート（ZambikesとCartを組み合わせた造語）という水や農作物など、荷物を運ぶ自転車用の貨物カートを1000台近く製作してきた[25]。

ザンビュランス　©Zambikes

ザンカート　©Zambikes

そして年間約30台近くの自転車を学校など、地元組織に寄付し、社会貢献にも取り組んでいる。最寄りの小学校まで徒歩数時間かかることも珍しくない国にとっては、児童が自転車通学できることは、就学機会の確保の上で大変重要である。そしてザンバイクスでは、従業員がザンバイクの自転車を購入するための利息なしのローンを提供し、従業員が週末に自分の自転車を使って街に炭や野菜、卵など、商品を運搬して副収入を得られるように支援を行っている。自転車は、単にレジャーを楽しむための乗物ではなく、生きのびるためのツールとも言える。

ザンバイクスのビジネスでは、スチール製の自転車が主力製品だが、手づくりで竹自転車も製作している。竹はザンビアに生育している3年生のイエローバンブーという丸竹を使用する。伐採された竹は、防虫剤などの薬品に浸し、乾燥させ、木工ボンドで仮留めした後、地元で採取されるサイザル麻で竹やラグなどの部品を結束し、エポキシ樹脂で固定してフレームをつくっている。竹フレームは、ウレタン樹脂塗装で防水加工を施し仕上げている[26]。

竹自転車は、ザンバイクのホームページや代理店を通じて販売し、欧米、日本やシンガポール、ドイツ、ブラジル、フィンランド、オーストラリアにいるグリーンコンシューマーや自転車愛好家に販売しておりファンも多い。竹自転車の価格は完成品の状態では、900アメリカドル（約9万9000円）程度、フレームのみだと、500アメリカドル（約5万5000円）で購入できる。平均月収が約2万4000円のガーナでは高額であるが、購入できなくはない価格であるが、高価なものと言える。従って竹自転車は、国内市場向けというよりは、海外市場向けの製品と言える。そして竹自転車の海外市場での人気が収益を後押し、ザンバイクスのエコ・ソーシャルな取り組みを支えているのである。

■ＳＤＧｓとの関連性

ザンバイクスの取り組みをＳＤＧｓの視点で見ると、(1) 地元の人々を積極的に雇用することで失業を削減し、目標1の「貧困をなくそう」の達成を促進している。(2) 地域の組織への自転車を寄付は、通学に何時間もかかる児童たちの就学機会の確保につながるため、目標4の「質の高い教育をみん

ザンバイクスの竹自転車　筆者撮影

なに」を促進している。(3) 従業員に職業訓練を行い、更に利息なしのローンを活用した副業支援を行なっており、目標8の「働きがいも経済成長も」につながっている。(4) 地域の実情やニーズに合わせ、安価で、安全で、容易に利用できる輸送手段を供給しており、目標11「住み続けられるまちづくりを」の達成に貢献している。(5) どこにでもある竹を使った付加価値の高い自転車づくりは、竹の資源生産性を向上させ、地域産業の多様化を促進しており、目標9の「産業と技術革新の基盤をつくろう」を促進している。(6) 輸出先での竹自転車の普及と日常生活における利用の増加は、低炭素で地球環境に優しいライフスタイルを育むことにつながり、目標12の「つくる責任、つかう責任」の達成を促進している。(7) 竹自転車の販売は、ザンバイクスの取り組みに共感する世界中の販売代理店との協力関係の上に築かれており、目標17の「パートナーシップで目標を達成しよう」を促進している。

ザンバイクスの取り組みは、ザンビアの人々が、自分たちの実情に適った自転車づくりを通して、移動や輸送、貧困などのザンビアが抱える社会課題を改善するだけでなく、地域経済の発展や人々の暮らしの向上にも貢献している。地域の人々が主体となって、地域にある資源を活用してつくられる自転車が、地域に好循環を生み出し、自転車づくりを梃子に地域社会に変革を巻き起こし、様々なＳＤＧｓの達成を促進している。

バンバイク（フィリピン・マニラ市）

■世界一グリーンな自転車づくりとコトづくりを目指す

バンバイク（Bambike）は、フィリピンにルーツを持つアメリカ人、ブライアン・マクレランドが、フィリピンの「竹」を使って竹自転車や自転車備品など、付加価値の高い竹製品を手づくりすることで、農村地域に雇用を生み、貧困や気候変動を緩和することを目的に2010年にマニラ市に設立された社会的企業である。マクレランドはバンバイクを通して、People（人）、Planet（地球）、Progress（進歩）という三つの価値を実現しようとしている。一つ目のPeople（人々）の意味は、地域コミュニティに投資し貧困を削減するということである。二つ目のPlanet（地球）の意味は、地球環境を破壊しない持続可能なモノづくりの実現である。最後のProgress（進歩）の意味は、竹自転車を通して地域に新しいグリーン経済を創出することである。バンバイクは、これら三つの価値を実現し「世界で一番グリーンな自転車づくり」を目指している[27]。

バンバイクは、マウンテンバイクやシティサイクル、幼児用キックバイク、サングラス、カップ、自転車フレームなど、様々な製品を竹でつくっている。これらの製品は、ガワド・カリンガというフィリピンで貧困問題に取り組むＮＧＯとパートナーシップを結んで製作している。具体的には、バンバイクの工房があるタルアック県ビクトリア市でガワド・カリンガが支援している貧困地域の人々を30人雇用し、職業訓練を行い、地域の竹を使用した手づく

ガワド・カリンガ　©Bambike

りの竹製品をつくっている。職業訓練を行うことで、従業員は高い技術を習得し熟練労働者になり、相応の賃金や社会福祉や退職金を受け取ることができ、生活を安定させることができる。

バンバイクの製品はホームページを通じて、アジア、アメリカ、ヨーロッパなどの海外市場に販売している。竹自転車の価格は、完成品が5万5000フィリピンペソ（約12万1000円）から6万5000フィリピンペソ（約14万3000円）で購入でき、竹フレームのみだと、3万5000フィリピンペソ（約7万7000円）で購入できる。幼児用竹製キックバイクは、7000フィリピンペソ（約1万5000円）である。平均月収が約9万9000円のフィリピンでは高価である。

2014年からは竹自転車を使って、マニラ市の歴史地区、イントラムロス[28]でレンタル自転車や街を巡ってフィリピンの歴史文化を学ぶサイクルツアーを企画運営している。2014年以来、約4万人もの旅行者がツアーに参加しており、竹自転車づくりだけでなく、それを活用した「コトづくり」を展開している。竹自転車をレンタルする旅行者やサイクルツアーの参加者は、目的地間を大型バスで移動するマス・ツーリズムと違い、地域をゆっくりと巡り、

エコツアーの様子　©Trip Advisor

地域にお金を落とすため、地域経済に良い影響を生む。また竹自転車で観光地巡りをするため、交通渋滞や排気ガス排出も抑制され、低炭素な観光を生み出している。

そしてバンバイクは、親子で一緒に幼児用キックバイクを組み上げるイベントや幼児向けにキックバイクの乗り方を、実際に試乗しながら楽しく学べる自転車教室を定期的に開催している。自転車教室は、ポップアップ形式で実施しており、通りすがりの親子でも自由に参加できる。

2020年から始まった世界的な新型コロナ感染拡大においてフィリピンも各地で厳しいロックダウンが実施されたが、バンバイクは、パンデミック下でも公共交通機関を使って、マニラ市やケソン市、パッシグ市に通勤をしなければならない医療従事者に竹自転車を無償で貸し出す社会貢献を行った。医療従事者の感染拡大によって医療崩壊を起こすことがあってはならない状況で、毎日の通勤で3密を避けることができる自転車は、医療現場を支えている。

多くの竹自転車は、竹の集成材を曲げてトップチューブとシートチューブを一体化したチューブをつくり、ダウンチューブには丸竹を使用し、マニラ麻で竹とラグなどの部品を結束し、フレームを組み立てている。竹フレームは、ウレタン樹脂塗装で防水加工を施し仕上げている。泥除けも竹でつくっている。フィリピンのどこにでもある竹は、安い建材として「貧者の木材」と見なされていたが、国内外でバンバイクの取り組みが評価され、竹に対する人々の認識も変化している。

例えば、2011年に在米フィリピン大使が、オバマ大統領（当時）にバンバイクの竹自転車をプレゼントされたことがフィリピンで大きなニュースになったり、2015年には竹自転車が、貿易産業省輸出振興局が授与しているフィリピンのデザイン賞であるカタ・アワードのベスト・エコプロダクツ賞に選ばれたり、2018年には、幼児用キックバイクが日本のグッドデザイン賞を受賞したりした。フィリピンのどこにでもある竹が、デザインによって、高付加価値を持った製品となり、そして地域社会に経済的な好影響やより環境に好ましい価値観を生んでいる。

■ＳＤＧｓとの関連性

バンバイクの取り組みをＳＤＧｓの視点で見ると、(1)竹自転車づくりが、貧困地域に新しい雇用を生み出し、生活を安定化させることができるようになり、目標1の「貧困をなくそう」の達成に貢献している。(2) 従業員は、職業訓練を通して熟練労働者になる道が開け、相応の賃金や社会福祉を得たり、貯金ができたり、退職金を受け取ったりできるようになった。また竹自転車を使ったレンタルやエコツアーで観光客が地域を巡回することで、地元の経済への貢献も期待でき、目標8の「働きがいも経済成長も」を促進している。(3)どこにでもある地域の竹を使って付加価値の高い製品を生み出し、海外市場に販売することで、竹の資源生産性を高め、更に地域産業の多様化につながっており、目標9の「産業と技術革新の基盤をつくろう」の達成に良い効果をもたらしている。(4) 親子を対象とした幼児用キックバイクを組み上げるワークショップや誰でも参加できる自転車教室は、楽しく地球環境に優しい自転車について体験的に学べるため、目標4の「質の高い教育をみんなに」を促進している。(5) マニラ市の歴史地区での竹自転車を活用したエコツアーは、交通渋滞や大気汚染を軽減し、住みやすい生活環境の創出や文化財の保全につながり、目標11の「住み続けられるまちづくりを」のを促進している。(6) 地元の再生可能な自然資源を使った竹自転車づくりは、自然資源の持続的で効率的な利用を促進する。そしてレンタルやエコツアーへの竹自転車の活用は、低炭素な新しい観光を育んでおり、目標12の「つくる責任、つかう責任」の達成を促進している。(7) バンバイクのエコ・ソーシャルな取り組みの基盤には、貧困問題に取り組むＮＧＯと協力関係がある。そして医療従事者に竹自転車を無償で貸し出し、医療現場を支え、地域の健康的な生活の確保に貢献しており、目標17の「パートナーシップで目標を達成しよう」を促進している。

バンバイクの取り組みは、メイド・イン・フィリピンの竹自転車をつくり、更にレンタルやエコツアーに展開することで新しい産業を生み出し、経済的恩恵が地域に還元されている。また、貧困問題の緩和だけでなく、竹に対する人々の価値観の変容や低炭素で地球環境に優しい移動文化や観光の創造など、地球環境時代に好ましい社会文化的な変化をフィリピンで生んでいる。

ブラウンバイク（タイ・チェンマイ市）

■足るを知る国の竹自転車づくり

ブラウンバイク（Brown bike）は、タイ北部の古都、チェンマイ県の県都であるチェンマイ市でトンチャイ・チャンサマックが2012年から始めた小さな竹自転車の工房である。実はチャンサマックの本業は建築家で、Sher Makerという建築事務所をチェンマイ国際空港の近くに構えている。竹自転車の工房もこの事務所の敷地内にあり、竹自転車づくりはどちらかというと副業に近い。チャンサマックは、国立チェンマイ大学に在学中から自転車が好きで、自分が満足できる自転車が無かったため、自転車を分解しては、好きなように改造して、大学に通っていた。基本的に自転車づくりは独学で学んだ。アルミニウムやクロモリ鋼を使うのは溶接が難しく代替素材を探していたところ、偶然身近にあった「竹」であった。竹自転車のつくり方は、全てインターネットから学んだという。最初のプロトタイプ製作には3ヶ月かかったが、現在では、10日程でつくることができるという。

竹は、チェンマイ市にも豊富にあって安価な素材である。ブラウンバイクで使う竹は、市中心部から車で30分程、北に行ったメーリム郡にある竹林で採れる竹を使用している。竹の選定と伐採はチャンサマック本人が行い、刈り取った竹は、しっかりと澱粉を洗い流し、ほう砂に浸し、白蟻や虫を追い出し、乾燥させ使用する。エンドパーツなどの金属部品は地元の工場に製作してもらっている。麻を使って加工した竹やラグなどの部品を結束し、エポキシ樹脂で固定している。竹フレームは、ウレタン樹脂塗装で防水加工を施し仕上げている。ブラウンバイクでは、マウンテンバイク、幼児用キックバイク、リカンベント、ロードバイク、荷物運搬用自転車など、顧客からの注文に応じて様々な種類のメイド・イン・チャンマイの竹自転車をつくっている。

注文は全てブラウンバイクのフェイスブックからか、工房で直接するか、工房で学びながら自分で作る。竹自転車は、1万バーツ（約3万4000円）から3万バーツ（約10万1000円）でタイ国内、ヨーロッパ、日本、台湾に販売している。また自転車用の荷籠や帆布製のリアバックなど、周辺製品もつくっており、全てチャンサマックが一点一点、手でつくっている。

チャンサマックは、自分が大好きな自転車に乗る人が増えれば増えるほど、自動車による大気汚染や交通渋滞、交通事故が減り、環境にも良いという考えのもと、子どもから大人まで竹自転車に興味がある人たちに工房を開

ブラウンバイクの竹自転車　©Brown Bike

竹自転車づくりの様子　©Brown Bike

放し、竹自転車のつくり方を教え自転車の普及に努めている。

■ＳＤＧｓとの関連性

ブラウンバイクの取り組みをＳＤＧｓの視点で見ると、(1) 地域にある再生可能な自然資源を使った竹自転車づくりは、自然資源の持続的で効率的な利用を促進する。そして竹自転車の普及や利用の増加は、地球環境に優しいライフスタイルを育み、温室効果ガス排出を削減するため、目標12の「つくる責任、つかう責任」の達成を促進している。(2) 竹自転車に興味がある人たちに工房を開放し、関心のある人なら誰でも受け入れ、自転車づくりを学ぶことができ、目標4の「質の高い教育をみんなに」の達成に良い効果をもたらしている。(3) 竹自転車の普及を通して、タイの社会問題である大気汚染や交通渋滞を減らし、女性や子ども、高齢者とって住みやすい環境を生むことにもつながり、目標11の「住み続けられるまちづくりを」を促進している。

チャンサマックの竹自転車づくりの注目すべき所は、自分の生まれ育った故郷で起業し、インターネットを活用して独学で竹自転車のつくり方を学び、自分が大好きな自転車を地元の再生可能な自然素材である竹を使用し、高価な工作機械が無くても家内工業的に工業製品をつくることができるという点である。竹自転車を自分自身用につくり始め、後に小さなビジネスに発展させたが、今後も工房を大きくしたり、産業化したりする野心もなく、自分のペースで、自分がつくれる量しか製作しない姿勢は、大量生産を是としてきた近代のモノづくりのあり方とは一線を画している。「足るを知る経済[29]」の思想を生み出した国の「足るを知る」モノづくりの事例として興味深い。

バンブーチバイシクル（インド・マハーラーシュトラ州）

■農村のサステナブルな変革を目指した竹自転車づくり

バンブーチバイシクル（Bamboochi Bicycle）は、インドの中西部の州、マハーラーシュトラ州のプネー県の竹が豊富に自生する農村にある。バンブーチバイシクルは、自転車や自分の手でモノをつくることに情熱を注ぐ、シャシシカール・パタックによって立ち上げられた。パタックは、バンブーチバイシクルを立ち上げる前はインド空軍のパイロットをしていた異色の人物である。2012年から自分の余暇を使って、独学で家の庭にある竹を使って自分用の自転車をつくり始めた。きっかけはテレビで偶然、竹自転車を見た時に、自分が住んでいる農村に豊富にある竹が使えるのではないか？　と思い付いたのが始まりだった。2年間の試行錯誤を経て、2014年に最初のプロトタイプを完成させた。技術的な問題に直面した時には、インターネットのコミュニティを通じて助言をもらいながら何とか解決してきた。パタックがつくったメイド・イン・インドの竹自転車は社会的反響を呼んだ。自信を深めたパタックは、2016年から趣味に留まらず、ビジネスとして竹自転車をつくるための起業した[30]。

バンブーチバイシクルがある農村は、米づくりと建設現場で使う竹材づくりなど、主に第一次産業が地元の人々の生計を支えているが、この仕事は季節労働で収入が低いため、閑散期には、村人の多くはムンバイなど、都会に仕事を求めて、何ヶ月も留守にしてしまう。このため竹自転車づくりとそれを支える竹素材づくりの雇用が生まれれば、村の人々が都会に仕事を見つけに行かなくても良いようになると考え、竹自転車づくりを村の産業にし、パタックが一点一点、手づくりしている自転車づくりを、村人に教え、バンブーチバイシクルで雇用したいと構想している。

現在、バンブーチバイシクルでは、竹でつくったマウンテンバイクや電動アシスト付きの自転車、タンデム自転車、シティサイクルなど、顧客の要望に応じたカスタムメイドの竹自転車をつくっている。顧客からの注文は、主にインナーネットやメールを通して受け付けている。顧客は、自分の好みに合わせ、カスタムメイドの竹自転車を注文することができ、竹フレームのみの製作から完成車までの製作まで対応してくれる。

竹自転車に使う竹は、地域の人を雇い、自分の土地で育成したこの土地固

バンブーチバイシクルの竹自転車づくりの様子　©Bamboochi Bicycle

有の竹を使い、ラグなどの部品はプネー県内で製作したものを使用している。切断や切削など、竹の加工は市販の工作機械をうまく活用して行なっている。そしてカーボンファイバーや麻を使って、加工した竹やラグなどの部品を結束し、エポキシ樹脂で固定化してフレームを組み立てている。竹自転車の価格は種類にもよるが、10万5000インドルピー（約15万9000円）から25万インドルピー（約37万7000円）で、平均月収が4万4000円のインドでは非常に高価である。従って主な顧客は海外市場や国内の富裕層になっている。

■ＳＤＧｓとの関連性

バンブーチバイシクルの取り組みをＳＤＧｓの視点で見ると、(1) 成長が早く、再生可能な自然資源である竹を使った自転車づくりは、自然資源の効率的な利用を促進する。そして竹自転車の普及は、地球環境に優しいライフスタイルを育み、温室効果ガス排出を削減するため、目標12の「つくる責任、つかう責任」達成を促進している。(2) 土地固有の竹を使用することは、生物多様性の減少を防ぐため、目標15の「陸の豊かさも守ろう」達成につながっている。

パタックが思い描いている竹自転車づくりによって村に雇用と産業を生む構想はまだ実現していないが、もし竹自転車づくりが新しい地元の産業として確立されるならば、竹栽培・伐採や竹自転車づくりによって地域に雇用が生まれるため、目標1の「貧困をなくそう」に貢献し、更に新しい産業として地域に根付けば、目標8の「働きがいも経済成長も」や目標9の「産業と技術革新の基盤をつくろう」の達成につながり、地域の中でＳＤＧｓを推進することができる。

パタックは、インターネットを活用して独学で竹自転車のつくり方を学び、高価な工作機械が無くても、地元の竹を使った高品質で高付加価値を持つ竹自転車を生産・販売する会社を農村部で起業した。農村のサステナブルな未来の姿を構想して積極的に世界市場に挑む姿は、途上国の農村部にとっ

バンブーチバイシクルの竹自転車　©Bamboochi Bicycle

て希望となる。そして顧客の要望や課題に耳を傾けて1台ずつカスタムメイドする生産方法は、まさにＳＤＧｓのキーワードである「包摂性」と「多様性」を実践したサステナブルなモノづくりと言える。

アバリ（ネパール・カトマンズ市）

■バンブーエコノミーにもとづいた竹自転車づくり

アバリ（Abari）は、ヌリパル・アディカリによって2006年に社会的・環境的な課題に取り組む建築・デザイン事務所兼研究所としてネパールのカトマンズ市に設立された。2006年に設立以来、ネパールのどこにでもある竹と土を使って様々な種類の建物（住居や学校、コミュニティスペースなど）や家具、自転車などをつくり、ネパールが直面している貧困や教育、自然環境破壊などの課題解決に取り組んできた。アバリの活動は、バンブーエコノミ

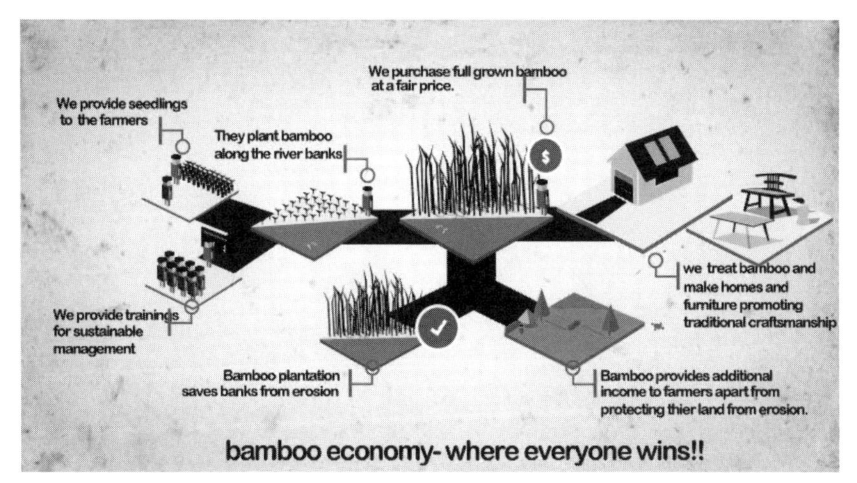

バンブーエコノミー　©Abari

ーという考えにもとづいている。それは、持続的に竹林を管理できるように200人の農家を訓練し、竹の苗を供給し、川岸に植えてもらい、栽培してもらう。そして生育した竹をアバリが公正な価格で買い取った竹を使用している。

竹を川岸で栽培することで浸食防止や農地保全、生物多様性の保全につながり、農家は竹栽培と農作物栽培から収入を得ることができる。また300名の職人や女性を訓練し、ネパールの土着的な建築・モノづくりの技術や知識、知恵を活用し、現在の社会ニーズに合った建築や家具、生活用具、自転車など、竹を使ってつくっており、製作に使用する道具さえもブリコラージュ的に自分たちで手づくりしたものを使用している[31]。建築に関しては、アバリのホームページで、建築マニュアルを一般公開しており、誰でも無料でダウンロードができ、身の回りにある竹や土、岩石など、地域の資源と簡単な道具を使って、手づくりで住居や幼稚園や小学校校舎のつくり方を惜しげもなく公開している。

アバリの竹自転車は、2019年にカンザス大学の建築・デザイン学部デザイン学科教授のランス・ゴードン・レイクの協力のもと製作された。竹自転車は、ネパールの丸竹を使用し、樹脂を使わずに穴を開けフレームを組み上げている。アバリの竹自転車は、竹でできた2人乗りの座席が前に付いており、ネパールやインドでよく見かけるリクシャー（三輪タクシー）のような佇まいである。

公共交通機関が発達していないネパールで、地元の人々や旅行者の移動や荷物の運搬によって発生する、交通渋滞や自動車排出ガスによる大気汚染が社会問題となっている。竹三輪自転車は、カトマンズ市が直面しているこのような社会問題の解決に貢献する。そしてこの竹三輪自転車は、地元の竹を使い職人や女性の手仕事によってつくられるため、竹の資源生産性を向上し、地域に雇用を創出し、女性の社会進出を促進する。コンセプト開発や三輪自転車部品のデザインは、ロイヤルメルボルン工科大学（ＲＭＩＴ）の学生が参加したり、プロトタイプの製作には、現地にあるカトマンズ大学の学生が携わったり、竹三輪自転車の設計や製作には、多くの学生が関わっており、国際協働によるデザインプロジェクトして行われた[32]。竹三輪自転車は、

アバリの竹三輪車　©INHABITAT

2019年にプロトタイプを発表直後に発生した新型コロナウイルス感染症パンデミックによって現在普及が遅れているようである。

■ＳＤＧｓとの関連性

アバリの取り組みをＳＤＧｓの視点で見ると、(1) バンブーエコノミーという考えにもとづいて生産された竹を使用し、それをネパールの土着のモノづくりの技術や伝統知識を活用し、現代的なニーズに合う竹自転車づくりは、地域に新しい産業を生み出し、再生可能な資源の資源生産性を向上させることにつながるため、目標9の「産業と技術革新の基盤を作ろう」の達成を促進している。(2) 竹自転車による移動は、交通渋滞や自動車排出ガスによる大気汚染を軽減する。そして公共交通機関が未発達の地域において、女性や子ども、障がい者、高齢者のニーズに細かに配慮した移動を可能にするため、目標11の「住み続けられるまちづくりを」の達成に良い効果が期待できる。(3) 侵食防止や農地保全、生物多様性の保全につながる方法で育てられた竹を使用することは、目標15の「陸の豊かさも守ろう」の達成につながっている。(4) 交通渋滞や自動車排出ガスを排出しない竹自転車を観光に活用することは、文化財の保護・保全につながり、目標11の「住み続けられるまちづくりを」の達成につながっている。(5) 竹栽培や竹三輪自転車づくりにおいて、女性に技術的・職業的スキルを向上させる訓練を行うことは、男女格差の是正にもつながるため、目標5の「ジェンダー平等を実現しよう」の達成を促進している。(6) 竹自転車は、ランス教授とアバリの協力関係やＲＭＩＴやカトマンズ大学の学生の参加をもとに製作され、目標17の「パートナーシップで達成しよう」を促進している。

多くの途上国に見られるように、ネパールにおいても暮らしや産業に必要な工業製品やそれを製作する産業用機械は、自国で生産する物ではなく、インドや中国など、工業国から輸入する物である。しかしアバリの事例は、地元の再生可能な自然資源や伝統的なモノづくりの技術や知識、知恵を含む伝統文化資源などの地域資源をバンブーエコノミーとして組織化することで、少量生産ではあるが、三輪自転車など、現代的なニーズに合った工業製品を生み出し、工業国に依存せず、自分たちの手でサステナブルなモノづくりが可能であることを示している。

バンブーバイク北京（中国・北京市）

■竹自転車でサステナブルな社会文化を創造する

バンブーバイク北京（Bamboo Bike Beijing）は、2013年にデヴィッド・ワンとその仲間たちによって始められた社会的企業である。ワンは北京市で捨てられていた自転車部品を再利用してつくった竹自転車をきっかけに、仲間たちと本格的に竹自転車をつくるための小さな工房を北京市の胡同（フートン）で開いた。バンブーバイク北京の目的は、若い人たちに活力を与え、竹でできた自転車を使って地域移動の解決策をつくり、中国で優勢な自動車所有文化に対抗することである。

中国において自転車は、労働者階級が乗る乗物として貧困の象徴に見られてきた。1990年代から2010年までの間に中国経済が急成長すると、自転車に乗る人の数は、年間2%から5%の割合で減少した[33]。一方自動車所有は1990年には550万台だったが、2021年には2億87万台へ急増している[34]。そして自動車所有の増加は、人々を誇示的消費に駆り立て、どこの都市でも交通渋滞や大気汚染を引き起こし、格差拡大や暮らしの質の低下を生んでいる。また化石燃料の消費増加は、地球温暖化の原因となっている。バンブーバイク北京は、このような社会状況に対して、エコの象徴としての竹自転車文化を創造することで自動車依存社会に対抗し、変革することを目指している。

バンブーバイク北京が特に力を入れている点は、単なる竹自転車の生産・

販売ではなく、自転車に乗る人が自らの手で竹自転車を学び、つくる工房である。バンブーバイク北京では、毎週末、工房で竹自転車の作り方を教えるワークショップを開いており、合計500台以上の竹自転車が人々の手でつくられた。竹自転車のつくり方をホームページに公開しており、誰でもダウンロードし学ぶこともできる[35]。

工房での竹自転車の手づくりプログラムは、日曜大工の経験が無くても2日間で組み立てられるように使用する機材や組み立てプロセスを合理化した。参加者は、中国全土、世界中から竹自転車をつくりにやって来る。この工房は、単に竹自転車の組み立てする生産工場ではなく、竹自転車づくりを学び、竹自転車文化の発信し、ボランティア活動を受け入れ、人々が竹自転車でつながるコミュニティの場なのである。

バンブーバイク北京では、竹自転車のつくり方を教えるだけでなく、この活動を他の都市に広げていく担い手の育成も行っている。実際にバンブーバ

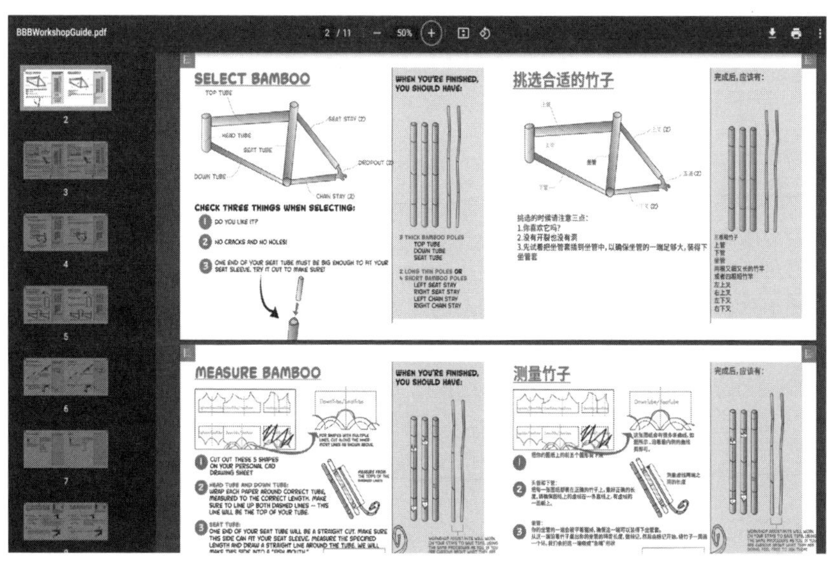

ホームページに公開されている竹自転車製作マニュアル

バンブーバイク北京のコミュニティ　© 中国国務院

イク上海やバンブーバイク台湾が立ち上がっている。ワークショップ参加者は、シティサイクルやマウンテンバイク、ロードバイクなど、自分の好みに合った竹自転車をつくることができる。バンブーバイク北京で使用する竹は、浙江省の安吉県の竹を使用し、グラスファイバー、カーボンファイバー、麻の素材で加工した竹とラグなどの部品を結束し、エポキシ樹脂で固定しフレームを製作している。竹自転車の価格は、自転車の引き渡しの状態によって変わり、完成品は5000元（約8万5000円）、2日間工房で手づくりするワークショップの場合は、2500元（約4万2500円）である。この場合、メカニックのサポートを得ながら作業ができる。また竹自転車用のパーツも1000元（約1万7000円）で販売しており、300元（約5100円）別途支払うとスタッフが備え付けてくれる。平均月収が約10万4000円の中国では決して安い買い物ではないが、バンブーバイク北京は国内市場をターゲットにしている。

■ＳＤＧｓとの関連性

バンブーバイク北京の取り組みをＳＤＧｓの視点で見ると、(1) 誰もが竹を使って自分が乗る自転車をつくれるプログラムを考え、つくり方を教えることは、参加者の技術的なスキル向上させる。更に誰もが学べるようにホームページに竹自転車のつくり方を公開しており、目標4の「質の高い教育をみんなに」の達成を促進している。(2) 自動車に代わり、低炭素で地球環境に優しい竹自転車を地域に広める取り組みは、北京市の深刻な交通渋滞や大気汚染、温室効果ガス排出を軽減し、目標11の「住み続けられるまちづくりを」の達成につながっている。(3) 自分の手で竹自転車をつくることは、モノへの愛着を育み、大事に長く使う、ロングライフが期待でき、また地球環境に優しい乗物を自分の手でつくる体験は環境意識を醸成し、目標12の「つくる責任、つかう責任」の達成に貢献している。(4) 竹自転車の日常生活における利用の増加は、生活習慣病や介護予防を推進し、人々の健康や福祉を増進することにつながるため、目標3の「すべての人に健康と福祉を」の達成が期待できる。(5) コミュニティリーダーの育成を行い、活動を上海や台湾に広げることで、グローバル・パートナーシップを活性化し、目標17の「パートナーシップで目標を達成しよう」を促進している。

バンブーバイク北京は、竹自転車という「モノ」の販売ではなく、竹を使った自転車づくり体験や学びという「コト」を提供することで、竹自転車のコミュニティを形成し、そこをハブにして自分でつくる「ＤＩＹ（ディー・アイ・ワイ）文化」やサステナブルで低炭素な移動文化を育んだり、竹を中心に自転車を貧困の象徴からエコの象徴として人々の意識変革を促進したりするなど、単に環境に優しい移動文化の創造だけでなく、サステナブルな社会文化を生んでいる。

シンプルバイクス（中国・成都市）

■中国の地方都市から世界に挑む竹自転車づくり

シンプルバイクス（Simple Bikes）は、チベット出身のアブ・レンによって2015年に中国の四川省の成都市で立ち上げられた、竹自転車をカスタムメイドで手づくり生産し、販売する営利企業である。レンは大学でインダストリアルデザインを学び、プロダクトデザイナーとして働いていたが、小さい頃から持っていた自転車に対する情熱が忘れられず、仕事でたまたま竹自転車に出会ったのをきっかけに、独学で試行錯誤しながら、自分自身用につくり始めた。しかし、レンの竹自転車を見た周りの人たちから「欲しい」と言われたことから、安全で丈夫な竹自転車づくりが始まった[36]。

2016年にレンは、自らの目で品質と安全性を確かめるために、自作の竹自転車に乗り、四川省の成都からチベットのラサまで30日にかけて、2500キロメートルの距離を走破した。そしてイギリスのビューローベリタスでの安全性やストレス試験に合格した。自信を深めたレンは、成都で起業し、販売を目的にしたメイド・イン・成都の竹自転車づくりを本格化させた。製品範囲を徐々に広げ、製作する自転車の種類は、マウンテンバイクやシティサイクルやロードバイク、ＢＭＸ、一輪車にも及んでいる。

シンプルバイクスが目指しているのは、竹自転車に乗ることをもっと地球環境に優しく、楽しくし、誰もができるようにすることである。シンプルバイクスで使う竹は、広東省のトンキン湾周辺地域で採れるトンキン竹を使っている。トンキン竹は、釣り竿によく使われる竹で、肉厚で、硬く、真っ直ぐに生育するため、自転車フレームに使用するには適している。伐採された竹は1年間、風通しがいい場所に保管され、カビやバクテリアの繁殖を防ぐために桐油に浸して使用する。

シンプルバイクスホームページ

竹自転車は、成都市内にある事務所兼工房で家内工業的につくられている。工房にある工作機械も高価なものはなく、市販の製品を組み合わせてつくったものである。注文はホームページやソーシャルメディアから受けたり、直接工房に来た顧客から受けたりし、注文に応じたサイズに竹を加工し、カーボンファイバーと麻でラグなどの部品を結束し、植物由来のエポキシ樹脂で固定化する。シンプルバイクスでは、このトンキン竹を広東省の農家から直接仕入れている。竹自転車やフレームは、主にホームページを通じて販売し、イギリスやアメリカ、カナダ、香港、台湾、北京市、上海市にも出荷している。竹自転車は、1200アメリカドル（約13万1000円）から4200アメリカドル（約46万1000円）と種類に応じて幅がある。フレームのみの販売もあり、1299アメリカドル（約13万2000円）からある。平均月収が約10万4000円の中国では高価である。

■ＳＤＧｓとの関連性

シンプルバイクスの取り組みをＳＤＧｓの視点で見ると、⑴ 広東省で育てられている竹を使用することで、竹農家の収入向上につながり、目標1の「貧困をなくそう」の達成を促進している。⑵ 一点一点、職人たちの手づくりによる付加価値の高い竹自転車づくりは、目標8の「働きがいも経済成長も」の達成に貢献している。⑶ 環境負荷が少なく、再生可能な竹を使って自転車をつくることは、自然資源の持続的で効率的な利用を促進する。そして竹自転車の普及は、地球環境と調和したライフスタイルを育み温室効果ガス排出を削減するため、目標12の「つくる責任、つかう責任」の達成につながっている。

シンプルバイクスは、高品質な竹自転車を手づくりで少量生産し、海外や国内市場に高価格での販売というビジネスを展開している。そして竹自転車づくりの職人として、生産の主体性を保持し、誇りを持ちながら製作している。近年では、中国国内のメディアだけでなく、パリメンズファッションウィークに出品したりするなど、積極的に広報活動を行なっている。そしてインターネットを通じて独学で竹自転車づくりを学び、地方都市で自ら起業し、試行錯誤しながら品質を高め世界市場に出ていく姿は、情熱があれば誰でもどこでも竹自転車づくりが可能であることを示し、一部の大企業に独占されていた自転車づくりに民主化・ローカル化が起きていることを示している。

ベトバンブーバイク（ベトナム・ホーチミン市）

■竹自転車が当たり前の社会を目指す

ベトバンブーバイク（Viet Bamboo Bike）は、ファム・ミン・トリによって2014年にベトナムのホーチミン市で設立された、竹自転車を生産・販売する営利企業である。現在の所、ベトバンブーバイクの事業活動はトリの副業であり、本職は再生エネルギー会社のプロジェクトマネージャーという二足の草鞋を履いている。竹自転車と出会ったきっかけは、ドイツのベルリン工科大学に留学中に、たまたま参加した大学主催の学術会議で竹を使った自転車が紹介されていたことだった。この運命的な出会いは、いつか帰国し、若い人たちのためにグリーンなベトナム社会づくりに貢献したいという気持ちを抱いていたトリにとって、自分自身が歩む人生の方向を決める出来事となった。

ベトナムに豊富に自生する竹を使って自転車をつくるため、メルセデス・ベンツでエンジニアとして働いた後に帰国したトリは、2012年から独学で竹の研究を始めた。トリは、ベトナムに自生する何百種類もある竹の耐久性や衝撃吸収性、支持力などを調査した結果、カンボジアに近いアンザン省で栽培されている竹を使用することに決めた[37]。

メルセデス・ベンツで学んだコンピューターシミュレーションの知識や技術を生かしながら、竹自転車フレームの構造や重さの最適化を図り、2年間の試行錯誤の後、軽量だが安全で耐久性のある竹自転車をつくり上げ、2014年に起業した。トリの竹自転車フレームは、ドイツ工業規格（ＤＩＮ）に合格している。2016年には、年間250台の竹自転車を手づくりで生産していたが、2017年からは、生産工程の一部に機械を導入し、生産の効率化を図っている。竹自転車は、ホーチミン市内のショールームの裏にある工房で生産されている。現在は、1台生産するのに、35時間から40時間かかり、月間30台の竹自転車を生産している。

ベトバンブーバイクは、マウンテンバイクやシティサイクル、ロードバイク、幼児用キックバイクなど、完成品の竹自転車だけでなく、竹自転車フレームや竹の前籠の販売も行なっている。竹自転車のフレームは、地元で採取される麻で竹やラグなどの部品を結束し、エポキシ樹脂で固定してつくって

ベトバンブーバイクの竹自転車　©Vet Bamboo Bike

いる。竹は泥に漬け、乾燥させ、煙に燻して炭化したものを使用し、切断や切削などの加工は市販の工作機械で行なっている。一部の自転車では、泥除けやチェーンカバーも竹でつくっている。竹自転車の多くは、ＯＥＭ生産でドイツ、イギリス、フランス、スイス、オーストリアなど、主にヨーロッパの自転車専門店に輸出している。各自転車専門店は、各自のロゴをフレームに付けて販売している。

注文は、ホームページからも受け付けおり、個人でも購入できる。エコツーリズムに特化したツアー会社と連携して、ベトナムに来た旅行者に竹自転車を貸し出すレンタルサービスも観光地で始まっている。そして幼児用キックバイクを使った自転車教室やレースイベントを開催し、子どもたちに自転車の安全な乗り方を教え、遊びを通して小さい頃から竹自転車に親しんでもらう取り組みを行なっている。竹自転車の価格は、722アメリカドル（約8万0000円）から2690アメリカドル（約29万9000円）と種類に応じて幅がある。フレームのみの場合は、549アメリカドル（約6万1000円）からある。平均月

竹製キックバイクを使ったレースの様子　©Vet Bamboo Bike

収が約2万6000円のベトナムからすると非常に高価なモノである。

■ＳＤＧｓとの関連性

ベトバンブーバイクの取り組みをＳＤＧｓの視点で見ると、(1) アンザン省で栽培されている竹を使用することで、竹を育成している農家の収入向上につながり、目標1の「貧困をなくそう」の達成に貢献している。(2) 再生可能な地域の竹を使った自転車の普及は、廃棄物や大気汚染の発生も少なく、人々の環境意識の醸成につながり、目標12の「つくる責任、つかう責任」の達成を促進している。(3) 旅行者に竹自転車を貸し出すレンタルの取り組みは、観光地での交通渋滞や大気汚染を軽減する。また自転車教室やレースイベントを通して、小さい頃から自転車に親しんでもらうことは、将来にわたって自然にも人にも優しい自転車社会の形成につながるため、目標11の「住み続けられるまちづくりを」の達成につながっている。(4) 竹自転車のレンタルは、観光客の地域巡回を促すため、地元での雇用創出や地域の文化振興、地元の産品販促が期待され、目標8の「働きがいも経済成長も」の達成を促進している。(5) どこにでもある再生可能な自然資源から、付加価値の高い竹自転車を製作することで、竹の資源生産性を高め、地域の産業を多様化し、目標9の「産業と技術革新の基盤をつくろう」の達成を促進している。(6) ヨーロッパの自転車専門店と協力関係を築きながら活動を展開しており、目標17の「パートナーシップで目標を達成しよう」を促進している。

竹はベトナムでは、どこにでもあり、安い建材として使用されたりするため、価値がある資源だと思われていない。しかしベトバンブーバイクがマスメディアで紹介され、社会に広く認知されるようになると、人々の竹に対する価値観に変化が現れ、低炭素で地球環境に優しい社会文化を生んでいる。追従して竹自転車をつくる企業も登場してきており、ベトナムで自転車と言えば、メイド・イン・ベトナムの竹自転車が当たり前の社会が生まれつつある。

イーストバリバンブーバイクス（インドネシア・バリ州）

■竹自転車づくりで貧困村の持続的な発展を促進

イーストバリバンブーバイクス（East Bali Bamboo Bikes）は、2016年に東バリ貧困撲滅プロジェクトというＮＧＯ（非政府組織）が貧困村にサステナブルな竹自転車ビジネスを創出することを目的に始めた取り組みである。東バリ貧困撲滅プロジェクトは、1999年から上下水道や道路、学校、医療施設、電気も無い、東バリのアグン山とアバン山の間にあるバン村で、教育活動や職業訓練、竹林管理、環境保全活動などの支援活動を行なっている。竹自転車の取り組みは、1963年に大爆発したアグン山の噴火によって避難していた村人が、バン村に戻り、暮らしを立て直すために始まった。バン村は現在も、噴火の余波を受けているが、村再生の切り札として村に自生する竹を活用して村人自らが竹自転車をつくり、販売するソーシャルビジネスを立ち上げたのである[38]。

そこでイーストバリバンブーバイクスは、バンドン在住の有名な竹自転車職人、デニ・ヌグラハ氏をバン村に招き、高品質な竹自転車をつくれるように村人を育成し、村人たちの手で竹自転車の生産から販売までできるように支援を行なっている。バン村で栽培され、独自の基準で収穫された竹を使用し、マウンテンバイク、シティサイクル、ＢＭＸ、幼児用キックバイク、カスタムメイドの自転車などの完成車や竹自転車フレーム、竹の泥除けや竹の自転車用スマートフォンホルダー、ボトルケージなどのアクセサリーを全て手づくりで生産することで村に雇用を生み出している。村で伐採された竹は、乾燥させ、防虫処理を施したものを使用する。自転車フレームは、地元で採取された麻で竹とラグなどの部品を結束し、エポキシ樹脂で固定している。最後に竹フレームにクリア塗装を施し仕上げている。竹自転車1台あたりの製作にかかる時間は、約50時間である。

完成した状態の竹マウンテンバイクとシティサイクルは、両方とも845万ルピア（約6万8000円）である。マウンテンバイクとシティサイクル用の竹自転車フレームは、395万ルピア（約4万円）で販売され、アクセサリー類は、29万ルピア（約2300円）から40万ルピア（約4000円）で販売されている。これらの製品を、ホームページを通してインドネシア国内外の顧客に直接販売することで適正価格を実現し、結果的に村に収益をもたらし、貧困削減につなげている。そしてバン村に既に存在している再生可能な自然資源を活用したモノづくりによって、村の自然環境の再生と持続的な発展を促進している。

今後は、バン村の恩恵を周辺の貧困村にも拡大していくため竹自転車の需要拡大が必要であるという。周辺の貧困村に住む100名ほどの若者を雇用できるまで需要を拡大し、各村に竹フレーム製作を外注し、各家庭で竹自転車をつくる家内工業を構想している。

職業訓練の様子　©East Bali Bamboo Bikes

幼児用竹製キックバイク　©East Bali Bamboo Bikes

■ＳＤＧｓとの関連性

イーストバリバンブーバイクスの取り組みをＳＤＧｓの視点で見ると、(1) 村の人々に竹自転車づくりのための職業訓練を行い「賃金労働者」ではなく「職人」を育成することで村に自立した雇用を生み出している。イーストバリバンブーバイクスの成長は、村の経済発展にもつながり、目標8の「働きがいも経済成長も」の達成を促進している。(2) 村に自生する再生可能な自然資源を使った付加価値の高い竹自転車やアクセサリーづくりは、竹の資源生産性を向上させるだけでなく、村の産業を多様化し、目標9の「産業と技術革新の基盤をつくろう」の達成につながっている。(3) バン村に自生している竹を活用して様々な種類の竹自転車やアクセサリーをつくり、製品はホームページを通して顧客に直接販売することでフェアトレードが実現され、村人の所得格差是正に貢献するため、目標10の「人や国の不平等をなくそう」の達成を促進している。(4) 竹の持続的な管理など、環境保全を行いながら展開する竹自転車づくりは、目標15の「陸の豊かさも守ろう」の達成を促進している。(5) 村の外部の竹自転車職人の協力を得ながら、竹自転車づくりの知識を吸収し、自分たちの技能を向上させ、高品質な竹自転車をつくっており、目標17の「パートナーシップで達成しよう」を促進している。

バン村に自生している竹を活用して、村の職人が一点一点、手で竹自転車やアクセサリーをつくり、ホームページを通して国内外の市場に直接販売することでフェアトレードが実現される。その結果、バン村の貧困を削減するだけでなく、竹自転車づくりのローカル化によってバン村の自立や自然環境の再生が促され、持続可能な発展につながっている。竹を使った自転車づくりという新たな活用方法を学ぶことで、自分たちの力によって持続可能な発展が可能であることを示している。

バンブーライド（オーストリア・ウィーン市）

■ＳＤＧｓ時代の自転車屋の姿

バンブーライド（Bambooride）は、2011年に、電気技師のアレックス・バーグナーとマティアス・シュミットによって設立された。オーストリアのウィーン市にある竹自転車フレームを輸入販売及び竹自転車の手づくりワークショップを企画運営する自転車屋である。地球環境に優しい竹自転車をヨーロッパに普及することを目指し設立された。バンブーライドが輸入している竹自転車フレームは、アフリカのガーナから輸入したもので、バンブー・バイクス・イニシアティブ[39]という国連開発計画が実施している地球環境ファシリティ小口融資プログラム（Global Environment Facility Small Grants Program）からの支援を受けている組織がつくっている。

この組織は、ガーナの首都アクラにあり、ガーナ産の竹を使った竹自転車

ガーナでの竹伐採　©United Nations

づくりを通して、農村部の雇用創出やガーナで自動車に代わる低炭素な移動手段の普及を目的に設立され、ガーナの若者たちに、特に女性に竹自転車づくりや修理方法、販売方法について様々な地域コミュニティで職業訓練を行なっている。また竹は農村部の竹林業者たちと協力し、新しい竹を1本収穫したら、3本から5本の竹を植え、既存の竹林を保全する活動もしている[40]。

バンブーライドは、そんな活動を行なっているバンブー・バイクス・イニシアティブから、月に約10本の竹自転車フレームを輸入しているが、現地の生産能力に限りがあるため、竹自転車づくりに必要な高性能な治具や技術を提供し、生産能力の向上を支援している。輸入された竹自転車フレームは、バーグナーによって完成車に組み立てられ、1500ユーロ（約19万5000円）から2000ユーロ（約26万1000円）で販売される。しかし価格が高価なため、バンブーライドでは、工房で竹自転車フレームを自らが組み立てるワークショップを定期的に開催し、消費者にお手頃な価格で提供できるようにしている。参加費は材料代込みで660ユーロ（約8万6000円）である。

ワークショップでは、1週間前に参加者と自転車の種類やサイズなど、事

バンブーライドの竹自転車　©Bambooride

前に話し合いを行い、どのような自転車をつくるか一緒に設計するオリエンテーションを実施している。実際のワークショップは金曜日の午後から日曜日の午後の2日半で完成できるように、プログラムが企画されおり、特別な技能や専門知識、工具を持っていなくても竹自転車をつくることができる。組み上がったフレームに、自分が持ち込んだ自転車部品を装着し完成させるか、バンブーライドを通して発注した部品を装着し完成させることもできる。

バンブーライドは、ウィーン市の有名な観光地で、世界で最も古い動物園、シェーンブルン動物園にいるパンダの飼育員に竹自転車を寄付している。竹や笹を食べるパンダの飼育員が園内で竹自転車に乗っていると、来場者から注目を浴びるため、竹自転車の宣伝広告活動に一役買っている。

■ＳＤＧｓとの関連性

バンブーライドの取り組みをＳＤＧｓの視点で見ると、(1) バンブー・バイクス・イニシアティブから竹自転車フレームを輸入販売することで、フェアトレードの実現やバンブー・バイクス・イニシアティブのエコ・ソーシャルな取り組みに貢献し、目標10の「人や国の不平等をなくそう」の達成を促進している。(2) 竹自転車を一緒にコ・デザインし、つくる体験は、モノを大切にする意識を育む。そしてヨーロッパでの竹自転車の普及は、低炭素で地球環境に優しいライフスタイルを促進し、目標12の「つくる責任、つかう責任」の達成に貢献している。(3) 日常生活における竹自転車の普及は、自動車依存のライフスタイルを改め、生活習慣病や介護予防を推進し、人々の健康や福祉を促進するため、目標3の「すべての人に健康と福祉を」の達成に貢献している。(4) バンブー・バイクス・イニシアティブとの連携が活動の基礎にあり、高性能な治具や技術を提供する一方、高品質な竹自転車フレームを輸入している。そしてシェーンブルン動物園に竹自転車を寄付する一方、宣伝広告活動につながるなど、様々な組織と信頼関係を築きながら活動を展開しており、目標17の「パートナーシップで目標を達成しよう」促進している。

竹が自生しないヨーロッパでの取り組みであるが、竹自転車を輸入販売することでバンブー・バイクス・イニシアティブのヨーロッパ市場へのアクセス機会を改善したり、自らもワークショップを主宰し、積極的に竹自転車の普及や低炭素で地球環境に優しい移動文化の形成に努めたりする姿勢は、単なる自転車販売を越えたＳＤＧｓ時代の新しい自転車屋の姿に見える。

クロスオーバー（オーストリア・グラーツ市）

■社会変革ツールとしての竹自転車

クロスオーバー（Crossover）は、2016年に都市計画家のエワ・クロスとローランド・クロスによって、オーストリアのシュタイアーマルク州にあるグラーツ市に設立されたＮＧＯである。クロスオーバーは、竹自転車の製作や販売を行う組織ではなく、タンデム型の竹自転車を使って、ヨーロッパ各都市で「人と自転車に優しいまちづくり」を実現するためのソーシャルアクション活動を行なっている環境活動家のカップルが設立した。ここで言う「人」には、女性や子ども、障がい者、高齢者を含んでいる。現在までオーストリアを始め、スロベニア、デンマーク、ポーランド、エストニア、ベラルーシ、ウクライナ、ルーマニア、ハンガリー、ドイツ、イタリアなど、ヨーロッパ全15カ国、34の都市を巡っている。

具体的な活動として、両氏自らがウィーン市にあるバンブーライドの工房で製作したタンデム型の竹自転車に乗り、ヨーロッパ各都市を巡り、訪問先の市長と市民にタンデム型の竹自転車に一緒に試乗してもらい、自治体の政策決定者たちに人と自転車に優しいまちづくりについて考えてもらうパフォーマンスを実施したり、専門家や市民を集め、人と自転車にとって優しいま

タンデム型の竹自転車　©Crossover

ちについて学び、考えてもらうことを目指した公開討論会を実施したりしている。

また訪問先の市民に無料でタンデム型の竹自転車に試乗してもらうイベントを開き､様々な道路利用者に「どうして自転車に乗ることが好きなのか？」や「どうして自転車に乗らないのだろうか？」といった「市民との語らい（Citizen Talk）」と銘打った街頭インタビューを行い、市民の様々な意見を市長に見てもらい、市民が感じている自転車のインフラストラクチャーに関する問題点・懸念点やサイクリングの利点を伝えている。その上で「どうしたらもっと市民に自転車に親しんでもらえるか？」や「未来の都市交通のあるべき姿について」など、市長にインタビューを行っている。最後に、各市にいる自転車活動家・愛好家たちと交流を行い、彼らを自転車ヒーローと見做し､ヒーローたちの活動を「ベスト･プラクティス」として取材している。これら収集した情報の全ては、クロスオーバーのホームページやソーシャルメディアを使って広く積極的に情報発信を行っており、誰でもいつでも見ら

クロスオーバーのホームページ

れるようになっている。

■ＳＤＧｓとの関連性

クロスオーバーの取り組みをＳＤＧｓの視点で見ると、(1) 竹自転車を使って人と自転車に優しいまちづくりを実現するためのソーシャルアクション活動を国際展開しており、目標11の「住み続けられるまちづくりを」の達成を促進している。(2) 訪問先の専門家や市民を交えた公開討論会や街頭インタビューを実施し、様々な市民の意見を市長などの政策決定者へフィードバックし、参加型意思決定を促進しており、目標16の「平和と公正をすべての人に」の達成につながっている。(3) 日常生活での自転車の利用促進は、生活習慣病や介護予防につながり、人々の健康や福祉を促進するため、目標3の「すべての人に健康と福祉を」の達成を促進している。(4) 訪問先の自転車活動家・愛好家たちとネットワークを形成し、自転車を主体とした低炭素で地球環境に優しい社会文化を生み出そうとしており、目標17の「パートナーシップで目標を達成しよう」を促進している。

竹自転車を社会変革ツールとして活用し、市民や市長を巻き込んだ様々なソーシャルアクションによって、自治体や市民レベルで意識の変革を促し、自動車中心の社会を変え、人と自転車を中心とした低炭素で人に優しい社会を実現しようとしている点が他の取り組みには無いユニークな点である。

マイブー（ドイツ・キール市）

■竹自転車がつなぐヨーロッパとアフリカのエコ・ソーシャルな関係

マイブー（my Boo）は、マキシミリアン・シャイとヨナス・ストルツクによって、2012年にドイツ北部のシュレスヴィヒ＝ホルシュタイン州の州都キール市で設立された、竹自転車フレームを輸入し、竹自転車を組み立て、販売する営利企業である。マイブーを始めたきっかけは、シャイとストルツクの友人が、ガーナで偶然目にした竹自転車について教えてくれたことであった。竹自転車が持つ経済的、社会的な影響力を確信したシャイとストルツクは、インターネットで偶然見つけた、ガーナ・アシャンティ州のヨンソ・プロジェクト（19ページ参照）に連絡し、ガーナ産の竹自転車フレームをドイツに輸入し始めた[41]。マイブーでは、全てのフレームは、ＥＮ規格（欧州の統一規格）に従って手作業で強度や安全性などの品質を確認し、整備士が組み立てている。

マイブーが組み立て販売している竹自転車は、電気自転車、マウンテンバイク、シティサイクル、ロードバイク、カーゴバイクである。竹自転車の価格は、1949ユーロ（25万9000円）から5099ユーロ（67万8000円）で販売されている。マウンテンバイクやシティサイクル、ロードバイク用の竹フレームのみの販売も行なっている。現在マイブーでは、ドイツ、イタリア、デンマ

マイブーメンバーとガーナの生産者　©my Boo

ホテルでのレンタル　©my Boo

ーク、スウェーデン、スイス、オランダ、スロバキア、イギリスなど、約100の自転車小売店に竹自転車やフレームを卸しており、ヨーロッパ最大の竹自転車ブランドになっている。

収益の一部は、ヨンソ・プロジェクトと連携して、ガーナのアシャンティ州で小学校建設や図書館建設したり、現地小学生への奨学金プログラムに資金を拠出したりしている。またマイブーでは、企業に向けに竹自転車のレンタルを行っている。従業員が竹自転車で通勤することは、地球環境に優しい企業であることを地域に訴求するだけでなく、従業員の健康を増進することができる。更に30以上のホテルに竹自転車を貸し出し、宿泊客が滞在中に竹自転車に乗って、観光ができる取り組みも行なっている。盗難や事故、転倒、破壊行為によって竹自転車が損傷した場合も、マイブーが費用を補ってくれる。

■SDGsとの関連性

マイブーの取り組みをSDGsの視点で見ると、(1) ヨンソ・プロジェクトと連携し、竹自転車フレームを輸入・販売することでガーナの雇用創出を支援することになるため、目標1の「貧困をなくそう」の達成に貢献している。(2) フェアトレードを通してヨンソ・プロジェクトから適正な価格で竹フレームを輸入することで、現地において適正な労働や生活環境が保障されることにつながるため、目標10の「人や国の不平等をなくそう」の達成が期待できる。(3) 収益の一部をガーナ現地での学校建設や奨学金プログラムに拠出したりするなど、子ども達の教育支援を行っており、目標4の「質の高い教育をみんなに」の達成を促進している。(4) ヨーロッパ市場での再生可能な自然資源を使った竹自転車の普及は、地球環境に優しいライススタイルを育むことにもなり、目標12の「つくる責任、つかう責任」の達成に貢献している。(5) 日常生活での竹自転車の利用促進は、生活習慣病予防や介護予防を推進し、人々の健康や福祉の増進につながるため、目標3の「すべての人に健康と福祉を」の達成が期待できる。(6) ガーナのヨンソ・プロジェクトとの連携やヨーロッパの自転車小売店とネットワークを形成することで、目標17の「パートナーシップで目標を達成しよう」を促進しながら好循環を生んでいる。

ヨーロッパでガーナ産の竹自転車がより売れれば、地球環境に優しい低炭素なライフスタイルが育まれるだけでなく、より多くの雇用がガーナに創出され、より多くの教育機会の確保につながる。そしてマイブーの取り組みは、信頼に基づいて連帯することで、お互いを向上し合うだけではなく、世界をよりサステナブルにする事例である。竹が自生していないヨーロッパができる取り組みではないだろうか。

プロジェクトライフサイクル（オランダ・ユトレヒト市）

■竹自転車で推進するサステナブルな観光

プロジェクトライフサイクル（Project Lifecycle）は、オランダ人のアクセル・ルッカセンによって、2014年にオランダのユトレヒト市で設立され、途上国に自生している竹を使って製作した竹自転車の販売や竹自転車を使ったエコツアーを企画運営する営利企業である。ヨーロッパや途上国市場で竹自転車の販売やツアーをプロモーションすることで、人々の環境に対する意識を高めると同時に、途上国にいる協力者と持続的で収益性のあるビジネスモデルを構築することで貧困削減に取り組む活動を行なっている。

竹自転車に使用する部品は、オランダで捨てられる自転車部品をリユースしたり、ベトナムに自生する籐や麻などの自然素材を使ったりして、ベトナムの職人が一点一点手づくりでハンドルや泥除けやグリップを生産している。そしてプロジェクトライフサイクルは、つくった竹自転車をバンコク(タ

バンブーバイシクルツアー　©Bamboo Bicycle Tours Thailand

イ）とヤンゴン（ミャンマー）、ホイアン（ベトナム）で運営している竹自転車を使ったエコツアーに使用している。希望者は、竹自転車を995ドル（約11万5000円）から購入することができる。

バンコクでは、地元の協力者とバンブーバイシクルツアーズタイランドを運営し、チャオプラヤー川を挟んだクロントゥーイ港の対岸にある人工島、バンカチャオ（サムットプラカーン県）で竹自転車を使ったエコツアーを実施している。島全体が、バンコクから数百メートルの場所とは思えない程、豊かな自然に恵まれており、バンコク名物の交通渋滞とは無縁な、昔からの暮らしが残る閑静な場所になっている。竹自転車を使ったエコツアーは、ジャングルツアーや家族向けのツアー、ホタル鑑賞ツアーと三つあり、全てバンカチャオを舞台にして行われている。ツアーでは、バンカチャオの自然や地元の暮らしに詳しい、資格を持ったガイドが付き添い案内してくれる。ツアー参加者は、ガイドと共に島を巡りながら、点在する仏教寺院を訪れたり、バーンナムプン水上市場で買い物をしたり、地元のレストランでタイ料理を楽しんだりするプログラムが組み込まれている。

ヤンゴンでは、地元の協力者とバンブーバイシクルツアーズミャンマーを運営し、ヤンゴン川を挟んでヤンゴンの中心地であるダウンタウンの向かい側にある漁村、ダラ街区で竹自転車ツアーを実施している。ダラ街区は、近代的なビルが立ち並ぶ対岸とは対照的に田舎の雰囲気があり、ヤンゴンにある33街区の中で、最貧困の街と知られている場所である。ダラ街区でのツアーでは、漁村での暮らしやコミュニティに詳しい、資格を持ったガイドが付き添い案内してくれる。ツアー参加者は、のどかな田園をサイクリングしたり、地元の市場に立ち寄ったり、地元の料理を楽しんだり、伝統工芸を見学したり、様々なアクティビティがツアーに組み込まれている[42]。

ホイアンでは、地元の協力者とバンブーバイシクルツアーズベトナムを運営し、ユネスコ世界遺産に登録されている旧市街地やホイアン郊外を巡る竹自転車ツアーを実施している。ツアーでは、地元のガイドが案内し、農村での暮らしに触れたり、地元の食を楽しんだり、伝統工芸を見学したりすることができる。

■ＳＤＧｓとの関連性

プロジェクトライフサイクルの取り組みをＳＤＧｓの視点で見ると、(1)途上国の地域にある竹や籐や麻などの自然素材を使用し、オランダで捨てられる自転車部品のリユースで竹自転車をつくることで廃棄物排出を抑制し、目標12の「つくる責任、つかう責任」の達成を促進している。(2)バンコクやヤンゴンのマスツーリストが訪れることがほとんどない、地元のコミュニティでツアーを実施することで地元への経済還元を生んでいる。そしてベトナムの職人と協働することによって雇用を生んでおり、目標1の「貧困をなくそう」の達成を促進している。(3) 竹自転車を使ったエコツアーは、自動車に比べ大気汚染や温室効果ガス排出、交通渋滞、交通事故も少なく、地球環境や地域にも優しい。更に観光客が地域を巡回するため、地元の生活文化の保全につながり、目標11の「住み続けられるまちづくりを」の達成につながっている。(4) 竹自転車は、ベトナムの職人と協働して製作し、ツアーは地元の協力者と連携し企画運営しており、目標17の「パートナーシップで目標を達成しよう」を促進している。

竹自転車を活用したエコツアーは、汎用性があり、他の観光地への応用が可能である。地域の竹を使った自転車を観光地での移動手段として広まることで、観光地の交通渋滞や交通事故、大気汚染の問題の改善が期待できる。また小回りの効く自転車で移動することで、大型観光バスが見過ごしてきた、地元コミュニティの暮らしや伝統文化、自然が貴重な観光資源となり、サステナブルな観光を推進するきっかけとなる。

バンブーバイシクルクラブ（イギリス・ロンドン）

■ゼロから竹自転車をつくる機会をみんなに

バンブーバイシクルクラブ（Bamboo Bicycle Club）は、2012年にロンドンで、自転車愛好家でエンジニアのジェームズ・マーとイアン・マクミランが「ゼロから自転車をつくる機会をみんなに提供したい」との思いから設立された。そのため、単に竹自転車を販売するのではなく、何かユニークでサステナブルなモノをつくる喜びを分かち合いたいと考え、竹自転車を組み立てる工房を企画運営している。工房は現在、ロンドンの他にミューヘン（ドイツ）やアメルスフォールト（オランダ）にもある。各工房では、参加者の都合に合わせ、2日間の教育プログラムが用意されている[43]。プログラムの参加者は、スタッフの指導を受けながら、自転車づくりの知識や経験、道具、技能が無くても、自分で毎日使う竹自転車のつくり方を学ぶことができる。竹自転車づくりの参加料は、プログラムの内容に応じて、485イギリスポンド（約7万8000円）から795イギリスポンド（約12万5000円）である。

バンブーバイシクルクラブでは、組み上がった竹自転車フレームの販売はしない。遠方に住んでおり、工房に足を運べない人のために、自宅でもＤＩＹ製作できるように、竹自転車キットや竹自転車に必要な部品一式、各種部品、道具類一式など、ホームページやソーシャルメディアを通じて世界中に販売している。また「バンブーバイシクルクラブ」というユーチューブチャンネル[44]を開設し、そこでつくり方をプロセス毎に公開しおり、ＤＩＹ製作を支援している。自宅に大きな作業場が無くても、63センチメートル×91センチメートルの作業空間があれば、治具を組み立てられるようにキットを設計しており、現在まで約42カ国から826人の人が、自分の手で竹自転車を組み上げてきた。シティバイクやマウンテンバイク、ロードバイク、カスタム

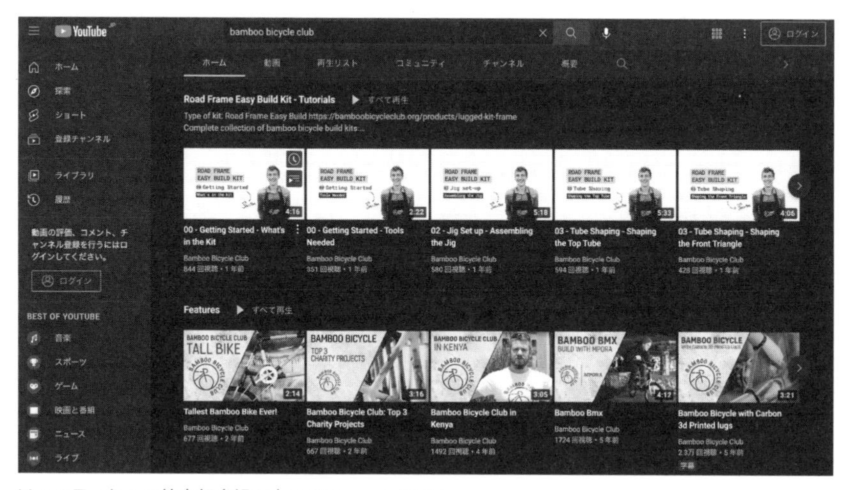

ＹｏｕＴｕｂｅの竹自転車組み立てのチュートリアル

竹自転車組み立てキット　©Bamboo Bicycle Club

フレーム（タンデム、リカベント、BMX、子ども用自転車など）のキットも販売している。これらの自転車で使用する竹は、中国で育ったものを使用し、竹とラグを結束する繊維には、ヨークシャーの麻を使用する[45]。竹自転車キットの価格は、自転車の型に応じて、410イギリスポンド（6万4000円）から495イギリスポンド（7万7000円）である。

近年では、ロンドンにある５つ星ホテル「ヒルトン・ロンドン・バンクサイド」で働くホテル職員が工房に来て、自分たちの手で6台の竹自転車を組み上げ、ホテル宿泊者用に、ロンドン観光に使用してもらう無償サービスが始まっている。更にオックスフォードシャーにある寄宿学校と連携し、生徒やその保護者に向けたワークショップを開催し、竹自転車のつくり方を教える出張教室を実施している。

■ＳＤＧｓとの関連性

バンブーバイシクルクラブの取り組みをＳＤＧｓの視点で見ると、(1) 誰でも竹自転車がつくれる工房を運営する一方、工房に来られない人にはキットを販売し、またユーチューブで竹自転車のつくり方を公開したり、竹自転車づくりを教える出張教室を開いたりするなど、技術的スキルの向上を図るだけでなく、つくる喜びを分かち合うためのモノづくり教育を対面と遠隔で実践しており、目標4の「質の高い教育をみんなに」の達成を促進している。(2) 自分で使う自転車を竹を使って自分で組み立てる体験は、モノへの愛着や捨てずに長く大切に使うロングライフの意識を醸成し、目標12の「つくる責任、つかう責任」の達成が期待できる。(3) 竹自転車をロンドン観光に利用してもらう試みは、低炭素で、地球環境に優しく、地元への経済効果が期待できるため、観光業を促進することにもつながり、目標8の「働きがいも経済成長も」の達成を促進している。(4) 観光への利用は、ロンドンの深刻な交通渋滞や大気汚染を軽減するため、目標11の「住み続けられる街づくりを」の達成につながっている。(5) 観光産業や教育機関など、異業種と連携することで新しいグリーンな経済効果や教育効果が期待され、目標17の「パートナーシップで目標を達成しよう」を促進している。

バンブーバイシクルクラブは、モノを売って与えるのではなく、つくる喜びを分かち合うためのモノづくり教育に重点を置いている。「魚を与えるのではなく、釣り方を教えよ」の格言にあるように、竹自転車のつくり方を学べば、その人が自分以外の家族や友人にモノづくりの喜びやつくり方の知識を広めていくことも可能である。このようなモノづくり文化が世界に広がっていくことで、何でもかんでも市場から購入することが当たり前の生活様式を変革し、再生可能な自然資源を使って、コミュニティにある工房や自宅で生活用具を自分の手によってつくるデザイン民主化を促進していくかもしれない。

ブレイズバンブーバイク（フランス・ブレスト市）

■メイド・イン・フランスに徹した竹自転車

ブレイズバンブーバイク（Breizh Bamboo Bike）は、トーマス・マズリエによって責任ある自転車づくりを通して、倫理的でサステナブルな自転車を提供することを目的に、2017年にフランスのブルターニュ地域圏内のフィニステール県にあるブレスト市で生まれた。マズリエは、2014年に自転車整備士としての訓練を受け、ブレスト市にある自転車販売店で2年半働き、その後、自らの手で環境に優しい自転車をつくりたいと考え、ブレイズバンブーバイクを立ち上げた[46]。

マズリエは、メイド・イン・フランスの竹自転車づくりを大切にしている。例えば、ブレスト市から15キロメートル離れたランデルノーの森で伐採された竹やノルマンディー産のリネン、シコミン社というフランスの化学メーカ

地元の竹林の様子　©Breizh Bamboo Bike

ーが生産しているエコ樹脂を使用して製作している。竹は地元に生えているものを自分で収穫し、乾燥させたものを使用している。また自転車で使用するタイヤやチューブ、スポーク、リム、クランク、ハンドルバー、サドル、ペダルなど、フランス企業が製作した部品を積極的に使用し、メイド・イン・フランスの竹自転車づくりにこだわっている。メイド・イン・フランスの竹自転車にこだわる理由は、人々は地元の小さな生産者に親しみやつながりを感じるからだと言う。そして自転車などの工業製品を地産地消することは、輸送による温暖化効果ガス排出の軽減に貢献する。また工業製品を地産地消することは、地域に雇用を生むだけでなく、お金が地方や国の経済を循環することにもつながり、それは巡り巡って公共サービスやＱＯＬを向上させることになると考えているからである。

マズリエは、竹でシティサイクルやツーリングバイク、カーゴバイクをレ・ベロ・ブレストア（Les Vélos Brestois）という自身が運営する工房で製造販売している。人々の毎日の移動を地球環境に優しいものにしたいという考えから、競技用の自転車は製作していない。竹自転車の価格は、2300ユーロ（約29万5000円）から3400ユーロ（約43万6000円）である。

この工房では、竹自転車以外の自転車修理を行なったり、経験が全く無くても自分自身で竹自転車の組み立てができるＤＩＹプログラムを提供したりしている。参加者は、3日〜4日間かけフレームを組み立て、完成品まで組み上げる場合には5日〜6日間の日数がかかる。竹自転車フレームの組み立ては、約800ユーロから製作でき、完成品まで組み上げると、取り付け部品に応じて追加料金がかかる。またパンク修理やブレーキパッドの交換方法など、簡単な自転車整備を学ぶことができるトレーニングプログラム（3時間の受講プログラムで受講料は48ユーロ（約6200円））を提供したり、壊れたスポークの交換やトランスミッションの交換、ベアリングの調整、油圧ディスクブレーキのオイル交換など、高度な自転車整備を学ぶトレーニングプログラム（3時間の受講プログラムで受講料は48ユーロ（約6200円））を提供し

カーゴ型の竹自転車　©Breizh Bamboo Bike

出張メンテナンスの様子　©Breizh Bamboo Bike

たりしている。

更にマズリエは、地元企業と連携し、従業員が通勤で使用する自転車の修理やメンテナンスを定期的に行う、出張サービスも行なっている。そして電動自転車のレンタルを専門に行なっているイルシクル（Elocycle）社とも連携し、イルシクル社が企業用に貸し出している電動自動車のメンテナンスを定期的に行う、出張サービスを実施している。

▩ＳＤＧｓとの関連性

ブレイズバンブーバイクの取り組みをＳＤＧｓの視点で見ると、(1) 地域の竹やフランス製の部品を使った竹自転車の地産地消は、輸送や製作時に発生する温室効果ガスや廃棄物排出の抑制につながる。そして定期的に出張メンテナンスを実施し、提携先の従業員が自転車を長く、安全に使用できるように後方支援を行っており、目標12の「つくる責任、つかう責任」の達成を促進している。(2) 工房では、ＤＩＹプログラムや自転車整備に関するトレーニングプログラムを提供し、人々の技術的スキルの向上を図っており、目標4の「質の高い教育をみんなに」の達成に貢献している。(3) 定期的なメンテナンスを行う出張サービなど、日常生活で自転車を安全に、容易に利用できる環境づくりは、人々の健康や福祉の推進するため、目標3の「すべての人に健康と福祉を」の達成につながっている。(4) 地産地消に徹した竹自転車づくりは、地域に雇用を創出し、経済発展にも貢献するため、目標8の「働きがいも経済成長も」の達成につながっている。(5) 地元の企業と連携し、地球環境に優しい自転車社会の実現を推進しており、目標17の「パートナーシップで達成しよう」を促進している。

ブレイズバンブーバイクは、既にある地域にある再生可能な自然資源や地域が持っている知識や技術、ネットワークといった社会資源を活用することで自転車のような工業製品の地産地消が可能であることを示している。そしてＤＩＹやトレーニングプログラムを通して、地球環境に優しい自転車社会の担い手である人的資源の育成にも取り組んでおり、地域資源を活用した竹自転車づくりの好例である。

バンブーバイシクルツアー（スペイン・バルセロナ市）

■竹自転車で観光地をもっとサステナブルに

バンブーバイシクルツアー（Bamboo Bicycle Tour）は、2015年にヨーロッパで最初に竹自転車を使って、ガイド付きツアーの企画運営を始めた社会的企業である。バンブーバイシクルツアーは、地球環境に配慮し、倫理的な方法で観光ビジネスを行うためにバルセロナ市で始まり、現在は世界的に有名なリゾート地であるイビザ島でも展開している。バンブーバイシクルツアーは､旅行者が竹自転車に乗って､バルセロナ市街やイビザ島を巡ることで、ツアー参加者の環境意識の醸成し、フェアトレードに貢献したいと考えている。

バルセロナ市は、年間約2800万人の観光客が訪れる世界屈指の観光都市で、特にサグラダ・ファミリアやグエル公園周辺、ランブラス通りに観光客が集中し過ぎるオーバーツーリズムが社会問題になっている[47]。またイビザ島でも人口13万人程の島に毎年320万人以上が訪れるため、オーバーツーリズムが社会問題になっている[48]。そのため自転車ツアーやレンタルは、観光客の都市内での回遊性を高める効果があるため、一部の観光地への観光客の集中や交通渋滞を緩和し、観光によって得られる経済的恩恵を地域に再分配させる仕組みとして期待ができる。

ツアー参加者は、ブエナビスタ（Buena Vista）と名付けられた、アルゼンチンで組み上げた竹のチョッパー自転車か、オクタビ（Octavi）という名の、バルセロナ市でデザイン開発され、アルゼンチンで組み上げられた、竹

ストリートアートを巡るツアーの様子　©Bamboo Bicycles Tour

のクロスバイクのどちらか自分が好きなモデルを選ぶことができる。バルセロナ市やイビザ島でのツアーは、街を巡るツアーやストリートアートを巡るツアーがあり、ツアーコースや所要時間によって価格が異なっており、自分の好みに合わせてコースを選択することができる。バルセロナ市内で実施されるストリートアートを巡るツアーは、ストリートアートバルセロナという芸術家や学芸員、写真家などで構成されているＮＰＯ団体と協働で実施している。ツアーは完全にプライベートで行われるため、自分や仲間が見たいものや知りたいことに、じっくり時間を費やすことができる。また竹自転車のレンタルも行っており、観光客は竹自転車を借りて自由に街を巡ることができる。更に結婚式などのイベントへの貸し出しも行っている。

ツアーで使用する竹自転車は、従来の自転車製作の10%のエネルギーと資源消費でつくられている。そしてツアーで使用する竹自転車は、労働者の安全性や公平性、尊厳が確保された適正な労働環境を備えたアルゼンチンの工房で製作されている。ツアーから得られる利益の10%は、バルセロナ市の貧困地域の若者を支援するソーシャルプロジェクトに寄付を行っており、バンブーバイシクルツアーが本拠としている地元に社会貢献を行っている。

■ＳＤＧｓとの関連性

バンブーバイシクルツアーの取り組みをＳＤＧｓの視点で見ると、(1) 竹自転車を使ったツアーやレンタルによって観光客が都市の中を回遊し、分散するため、オーバーツーリズムや交通渋滞、交通事故、大気汚染の緩和が期待され、住みやすい住環境の創出や文化財の劣化軽減にもつながるため、目標11の「住み続けられる街づくりを」の達成を促進している。(2) 竹自転車生産者の労働環境や生活水準を保証したフェアトレードの考えで生産された竹自転車を輸入し、ビジネスに使っているため、目標10の「人や国の不平等をなくそう」を促進している。(3) ツアーやレンタルによって、観光客が地域を巡回するので地元の経済への貢献も期待できるため、目標8の「働きがいも経済成長も」の達成につながっている。(4) アルゼンチンの工房やストリートアートバルセロナと連携し、ソーシャルビジネスを展開しており、目標17の「パートナーシップで目標を達成しよう」を促進している。

バンブーバイシクルツアーは、竹自転車を使ったツアーやレンタルなど、観光客に地球環境に優しい観光コンテンツを提供している。ツアーやレンタルは、バルセロナ市やイビザ島が直面しているオーバーツーリズムの問題を根本的に解決するものではないが、緩和が期待できるのではないだろうか。そしてこのような社会問題に直面している観光地が、世界には多く存在することを考えると、バンブーバイシクルツアーの取り組みは参考になるのではないだろうか。

マスエリデザイン（アルゼンチン・ロサリオ市）

■竹自転車を世界に広げる伝道師

マスエリデザイン（Masuelli Design）は、2006年にアルゼンチンの北部にあるサンタフェ州の都市、ロサリオ市でニコラス・マスエリによって、竹自転車をカスタムメイドし、販売することを目的に始まった会社である。マスエリは、ロサリオ国立大学で生産工学を学んでいた学生時代から竹素材やデザイン、自転車旅行が大好きで、学生の時に自転車旅行する目的で竹自転車を自宅でつくり始めた。当時はまだ竹でできた自転車は非常に珍しく、竹自転車を見た人から個別に注文を受けるようになり、可能な限りカーボンフットプリントが小さく、グリーンな自転車をつくることを目標にマスエリデザインを立ち上げた。2000年代は、竹自転車が世界各地でつくり始められる時期であり、マスエリの取り組みもその潮流の先駆けである。

現在では、アルゼンチンの竹を使って、折りたたみ自転車やタンデム型の自転車、クロスバイク、ピストバイク、チョッパー自転車、ミニベロ、カーゴバイク、シティサイクル、幼児用キックバイクなど、顧客のニーズに合わせたカスタムメイドの竹自転車の製作と販売を行っている。マスエリは、竹自転車フレームだけでなく、ハンドルやフォーク、泥除け、キャリア、籠などの自転車部品も竹を使ってつくっている。基本的にマスエリの竹自転車フレームは、麻などの自然繊維で竹とラグを結束して組み立て、竹フレームはクリア塗装で防水加工を施し仕上げている。組み上がった状態の竹自転車は、1100ドル（約12万8000円）から購入することができ、組み立てワークショップに参加して自分でつくる場合は、800ドル（約9万3000円）から入手できる。実は、76ページで紹介した、バルセロナ市のバンブーバイシクルツアーに竹自転車を供給しているのがこのマスエリである。

マスエリの竹自転車　©Masuelli Design

マスエリは、竹を使った自転車づくりを通して、人間に自然とのつながりを取り戻して欲しいと考えており、竹自転車をつくり出す「職人」の顔の他に、つくり方を広める「伝道師」としの顔も持っている。例えば、インドネシアやメキシコ、スペインなどの海外を訪問し、現地の人々に竹を使った自転車の組み立て方や部品のつくり方を指導するワークショップを行なっている。またバンを移動工房に改造し、イタリアやスペインの各都市を訪れて、地元の人々を対象に竹自転車の組み立てワークショップを開催している。これらのワークショップは、ソーシャルメディアで知り合った現地の友人など、支援者の協力のもとで行われている。またマスエリは、単に竹自転車をつくる生産者としてでなく、消費者として自作の竹自転車に乗って、ブラジルやボリビア、メキシコ、チリ、アメリカ、スペイン、イタリアなど、世界各地を巡っており、旅の様子を写した写真を自分のブログやフェイスブックで発信したり、旅行体験を書籍化したりするなど、積極的な情報発信を行い活動の輪を広げている。

旅先での組み立てワークショップの様子　©Masuelli Design

■ＳＤＧｓとの関連性

マスエリデザインの取り組みをＳＤＧｓの視点で見ると、(1) 世界各地を訪問し、現地の人々に竹自転車のつくり方を教え、自分の手で竹自転車をつくるための技術や知識の向上を図っており、目標4の「質の高い教育をみんなに」の達成を促進している。(2) 地元の再生可能な自然資源を使った竹自転車づくりは、地域内で自然資源の持続的で効率的な利用を促進する。そして自分の自転車を再生可能な竹を使って自分で組み立てる体験は、モノを大事に長く使うロングライフの意識を醸成し、地球環境に優しいライフスタイルを育むことが期待できるため、目標12の「つくる責任、つかう責任」の達成につながっている。(3) 多様なニーズに対応したカスタムメイドの竹自転車の製作は、女性や子供、障がい者、高齢者の移動ニーズに対応することも可能であるため、目標11の「住み続けられるまちづくりを」の達成が期待できる。(4) ソーシャルメディアを通じて知り合った、世界各地にいる友人たちの協力のもとワークショップを展開しており、目標17の「パートナーシップで目標を達成しよう」を促進している。

マスエリは、単に竹自転車を製造販売するだけでなく、自作の竹自転車に乗って世界各地を旅行しながら、現地の人に竹自転車のつくり方をオープンにし、つくりたい人に惜しみなく教えている。結果的に世界中に竹の新たな可能性を知らしめ、竹自転車文化の形成に貢献している。

アートバイクバンブー（ブラジル・ポルト・アレグレ市）

■アートと融合した竹自転車

アートバイクバンブー（Art Bike Bamboo）は、2007年にクラウス・フォルクマンによってブラジル南部にあるリオグランデ・ド・スル州の州都、ポルト・アレグレ市に設立された、竹自転車の製造販売や竹自転車づくりを教える工房を運営する営利企業である。フォルクマンは竹自転車職人という顔の他に、ポルト・アレグレ交響楽団のフルート奏者という顔も持つ異色の職人である。最初は、自分のために竹自転車をつくっていたが、竹自転車に乗って旅行する内に多くの人々から製作を頼まれるようになり、会社を設立することになった。フォルクマンは、クロスバイクやリカベント、マウンテンバイク、タンデム、幼児用キックバイク、チョッパー自転車、三輪自転車、キックボードなど、顧客の要望に合わせてカスタムバイクを手づくりしている。また自転車フレームやハンドル部分だけではなく、フォークやスポーク、スタンド、チェーンステーなど、あらゆる部品を竹でつくっている。竹自転車のデザインは、バイクキャド（Bike Cad）[49]というフリーソフトを使用し設計される。

自転車に使用する竹は、地元ポルト・アレグレ市の竹やカリ[50]から南に45キロメートルにあるサンタンデール・デ・キリチャオにある竹を使用し、天然繊維で竹を結束している。くねくねと曲がった竹を自由自在に自転車に組み上げる技術は魔法のようである。竹フレームは、ウレタン樹脂塗装で防水加工を施し仕上げている。既に組み上がった完成品の価格は、モデルによって異なるが、2400レアル（約5万円）から3600レアル（約7万5000円）で販売され、アートバイクバンブーのホームページから購入できる。更に自宅で竹自転車フレームを組みたい人のために、治具も1050レアル（約2万2000円）で販売されている。

アートバイクバンブーの竹自転車　©Art Bike Bamboo

貧困地域の若者に竹自転車のつくり方を教えるワークショップ　© Art Bike Bamboo

またフォルクマンは、竹自転車のつくり方を教えるワークショップを主宰しており、ブラジルの各地に赴いて教えたり、インドネシアのバリ島にある総竹づくりの校舎で有名なGreen School Baliやハワイ州のマウイ島など、海外にも出張して教えたりしている。ワークショップ参加料金は、約1000レアル（約2万1000円）である。そしてペダラケイマードス協会というリオデジャネイロ州のケイマードスで、貧困問題に取り組んでいる団体と連携し、貧困地域の若者に竹自転車つくりを教え、技術を習得した地域の若者が自分たちでつくった竹自転車を活用して、観光客にガイド付きツアーを行うソーシャルビジネスも始まっている。竹自転車つくりが広がることで、移動図書館のような地域活動を始めるために、自転車や自転車用リヤカーを竹でつくりに来る参加者もいる。

■ＳＤＧｓとの関連性

アートバイクバンブーの取り組みをＳＤＧｓの視点で見ると、(1) 地域の

移動図書館　©Art Bike Bamboo

再生可能な自然資源を使った竹自転車づくりは、自然資源の持続的で効率的な利用が期待できる。そして自分の自転車を再生可能な竹を使って自分で組み立てる体験は、モノを大事に長く使うロングライフの意識を醸成し、自然と調和したライフスタイルを育むため、目標12の「つくる責任、つかう責任」の達成に貢献している。(2) 世界中の人々に竹自転車のつくり方を教え、技術的・職業的スキル向上を図っており、目標4の「質の高い教育をみんなに」の達成を促進している。(3) 竹自転車づくりを貧困地域の若者に教えることで手に技術を身に付けた人たちが貧困から抜け出すために自ら立ち上がり、起業したりするなど、目標1の「貧困をなくそう」を促進している。(4) 顧客の要望に合わせた様々な竹自転車づくりは、子供や障がい者、高齢者の移動ニーズに対応した自転車製作が可能なため、目標11の「住み続けられるまちづくりを」の達成が期待できる。(5) ペダラケイマードス協会やグリーン・スクール・バリ（Green School Bali）と連携してワークショップを実施し、ローカルとグローバルでネットワークを形成しており、目標17の「パートナーシップで目標を達成しよう」を促進している。

アートバイクバンブーは、様々な竹の形状を生かし、多様なニーズに合った竹自転車をつくっているが、竹自転車の製作だけではなく、つくり方を指導するワークショップも重要な要素となっている。自分で竹自転車を組み上げた人々が自転車旅行に出かけたり、貧困問題に取り組むソーシャルプロジェクトが始まったりするなど、ブラジルで新たなエコソーシャルな取り組みが副産物として生まれており、アートバイクバンブーを起点にブラジルに社会変革を起こしている。

バンブーサイクルズ（メキシコ・メキシコシティ）

■メキシコで竹を使って新たな産業を生み出す

バンブーサイクルズ（Bamboocycles）は、2008年にインダストリアルデザイナーのディエゴ・カルデナスによって、メキシコの首都、メキシコシティで設立され、竹自転車の製造販売や竹自転車の手づくりワークショップ、竹自転車ツアーを企画運営する営利企業である。竹自転車の製作は、メキシコ国立自治大学でインダストリアルデザインを学んでいた学生時代、19世紀に製作された竹自転車を知り、現在のテクノロジーを使えば、もっと良い竹自転車がつくれ、面白いプロジェクトになると思い、卒業研究の一環として始まった。

2007年末から実家のガレージで製作された最初の竹自転車に対する周囲の反応が非常によかったため、3年間かけ本格的なビジネスとして生産体制を築き、2010年から商業的に販売できるまでになった。カルデナスは、人々がもっと竹自転車に乗ることで、メキシコシティの社会問題である交通渋滞と大気汚染を緩和し、人々の暮らしの質を改善するだけでなく、再生可能な自然資源を使った新しいメキシコの産業を生み出すことを目指している。
　バンブーサイクルズの竹自転車に使用する竹は、南メキシコで自生しているアナナシタケという非常に硬いものを使用し、マウンテンバイクや幼児用キックバイク、ＢＭＸ、カーゴバイク、ロードバイク、シティサイクル、キッズバイク、ビーチバイクを1台1台手づくりで製作している。フロントフォークやリアラックなどの自転車部品も竹でつくっている。竹自転車や部品はバンブーサイクルズのホームページから購入することができる。既に組み上がった完成品の価格は、モデルによって異なるが、195米ドル（約2万2600円万円）から1890米ドル（約23万円）で購入できる。現在まで約2000台の竹自転車が製作され、世界28カ国に輸出している。
　カルデナスは、ラテンアメリカ最大の都市公園、チャプルテペック公園内を竹自転車で巡るシティツアーも企画運営している。この公園は、都市にありながら、メキシコ杉や森林が広がる森林公園であり、国立人類学博物館や動物園、植物園、美術館、チャプルテペック城、湖があり、686ヘクタールの広さを有している。参加者は、竹自転車に乗って、3時間をかけて、ゆっ

バンブーサイクルズのＢＭＸ ©Bamboocycles

シティツアーの様子　©Bamboocycles

くりと園内を巡り、メキシコシティや公園の歴史や自然を学ぶことができる。

またカルデナスは、自分の手で竹自転車の組み立てワークショップを週末に開催している。ワークショップは、3日間のプログラムで構成されており、初日は好みのモデルのフレームをつくるために竹の加工、組み立て、仮留めを行う。2日目は、カーボンファイバーで竹やラグを固定し、エポキシ樹脂で固める作業を行う。最終日は、紙やすりを使い磨き上げて竹自転車フレームの完成となる。このワークショップは、バンブーサイクルズの工房だけでなく、グアダラハラ（メキシコ第二の都市でハリスコ州の州都）やサント・ドミンゴ（エクアドル）、ボゴタ（コロンビア）、ブエノスアイレス（アルゼ

組み立てワークショップの様子　©Bamboocycles

ンチン)、モンテビデオ(ウルグアイ)にある工房とも連携して開講しており、受講者は自分の都合がいい場所でワークショップに参加することができ、現在まで約300台の竹自転車が参加者の手でつくられた。

■ＳＤＧｓとの関連性

バンブーサイクルズの取り組みをＳＤＧｓの視点で見ると、(1) アナナシタケという南メキシコで自生している竹を使って自転車をつくっている。また参加者が自分で使用する自転車を竹で使つくることは、モノを大事に長く使うロングライフの意識の醸成にもつながり、目標12の「つくる責任、つかう責任」を促進している。(2) 竹自転車を普及は、メキシコシティの社会問題である交通渋滞と大気汚染を緩和し、人々の暮らしの質を改善するため、目標11の「住み続けられるまちづくりを」の達成につながっている。(3) 竹自転車を組み立てるワークショップやツアーによって自転車づくりの技術的スキルや知識、まちの歴史や自然を学べ、目標4の「質の高い教育をみんなに」の達成に貢献している。(4) メキシコの竹を使った自転車づくりは、小さい芽ながら新しいメキシコの産業に育っていく可能性を秘めており、目標9の「産業と技術革新の基盤をつくろう」の達成が期待できる。(5) 竹自転車の組み立てワークショップは、各地域にいる協力者と連携して開講しており、目標17の「パートナーシップで目標を達成しよう」を促進している。

バンブーサイクルズの取り組みは、竹自転車づくりやツアー、組み立てワークショップを通して、暮らしの質や環境に対する意識、竹自転車をつくる技術を学びながら、交通渋滞と大気汚染など、メキシコシティの社会問題を改善し、小さいながら小さなビジネスとして根付き、今後新しい産業へ発展していく可能性を秘めている。卒業研究から始まった取り組みは、地域をよりサステナブルに変容させていく確かな原動力として動き始めている。

バンブーバイクスハワイ（アメリカ・ハワイ州）

■地元の人が地元の竹でつくる竹自転車

バンブーバイクスハワイ（Bamboo Bikes Hawaii）は、デザイナーで木工職人でもあるバレット・ワークによって、2010年からハワイ州のハワイ島にあるホノムという町から始まった。台山竹や真竹など、ハワイに自生する竹は、東南アジアやポリネシア、日本から持ち込まれ、野生化したものと言われ豊富に自生しているが、繁殖力旺盛な竹が土地固有の生態系を破壊した

バンブーバイクスハワイの竹自転車　© Bamboo Bikes Hawaii

り、人家の庭先に侵入したりし、竹害を起こしている。自転車が好きで、自らもロードレーサーでもあるワークが、厄介な存在である竹を使って、手づくりでメイド・イン・ハワイの自転車をつくるプロジェクトを始めるのは自然のことだった。5年の歳月をかけ、竹素材の研究や竹に適した自転車フレームの構造や組み方の研究、ジョイント部品設計の研究を行い、試行錯誤の後、竹自転車を完成させた。竹自転車は、ワークの工房で一点一点、手でつくられている。

バンブーバイクスハワイの竹自転車フレームに使用されている竹は、ワークがハワイ州土地・天然資源局から許可を得て、オアフ島の州有地にある竹林で栽培・伐採・油抜き・乾燥させた竹を使用している。バンブーバイクスハワイの竹自転車は、非常に軽く、丈夫にできており、2017年には、ハワイウッドショーで1位を獲得した。

2017年からワークは、エコロジーやサステナビリティに関心があって、自分の手で自転車をつくりたい人々が集まり、つながることができるコミュニティの場として、定期的に竹自転車の手づくりワークショップをホノルル美

オアフ島の竹林　© Bamboo Bikes Hawaii

術館分館のスポルディングハウスで開催している。そして木工や自転車組み立てなど、特別な技術や経験が無くても、誰でも質が高く、頑丈で、一生乗れる自分だけの竹自転車フレームをつくれるように、使用する竹やジョイント部品、治具、使用工具など、竹自転車の組み立て用の教材キットを開発し、手づくりワークショップで使用している。そしてこのワークショップでは、ワークが参加者に竹の切り方や治具を使った竹フレームの組み方、カーボンファイバーで竹を結束する仕方、エポキシ樹脂で固定化する方法など、全工程を実地で教え、参加者が3日間で竹自転車を組み上げられるようにプログラムをつくっている。

■ＳＤＧｓとの関連性

バンブーバイクスハワイの取り組みをＳＤＧｓの視点で見ると、(1) 竹自転車組み立て用の教材キットを開発し、誰でもつくれるようにし、目標4の「質の高い教育をみんなに」の達成を促進している。(2) 定期的なワークショップ開催を通じて竹自転車に関心のある人たちがつながることができるコミュ

スポルディングハウスでのワークショップの様子　©Bamboo Bikes Hawaii

ニティの場を生み出し、目標11の「住み続けられるまちづくりを」の達成に寄与している。(3) オアフ島で自生している厄介者の竹を使って自転車をつくり、その普及は地球環境と調和したライフスタイルを生むことにつながる。そして自分の手でつくり出した竹自転車は捨てずに長く使われることが期待できるため、目標12の「つくる責任、つかう責任」の達成に貢献している。(4) 竹害を起こしている地域の竹を使って自転車をつくることは、地域の生態系の健全な維持につながり、目標15の「陸の豊かさを守ろう」を促進している。(5) 竹を使って、付加価値の高い自転車をつくることは、竹の資源生産性を向上させ、地域の産業化が期待できるため、目標9の「産業と技術革新の基盤をつくろう」につながっている。(6) ハワイ州政府の協力によって州有地の竹を使った竹自転車づくりは、目標17の「パートナーシップで目標を達成しよう」を促進している。

バンブーバイクスハワイは、特別な訓練や経験がなくてもつくりたい人が手づくりワークショップに参加すれば、自分の手で竹自転車をつくれる点がユニークである。工業製品である自転車は市場から購入するか、もしくは自分でつくるか、二者択一であった。後者の場合は、世界で1台だけのオリジナルの自転車を自分の手でつくる自転車職人が存在するが、機材や道具を揃えたり、高度な技術や知識、経験が必要だったり、一般の人にとっては難しい。しかし工夫次第では、市場から購入することが当たり前だと思われている工業製品が、地域内の自然資源やコミュニティにあるワークショップを使った地産地消のモノづくりを通して、自分の手で責任あるモノをつくったり、地域の生態系の豊かさを守ったり、高い付加価値を生んだりすることが可能であることをバンブーバイクスハワイの事例は示している。

第一部総括

第一部では、世界各地の竹自転車の取り組みを概観してきた。竹自転車の取り組みが始まるきっかけを見てみると、二つのパターンがあることがわかる。一つ目は、ブーマーズやバンバイク、ベトバンブーバイク、アバリ、イーストバリ・バンブーバイクス、バンブーライド、クロスオーバー、マイブー、プロジェクトライフサイクル、バンブーバイシクルクラブ、ブレイズバンブーバイク、バンブーバイシクルツアーのように、取り組みたい・貢献したい社会問題や環境問題が先にあり、それらの問題を解決するために、身近にある竹を使って自転車づくりをする「アウトサイド・イン」のパターンである。二つ目は、ブラウンバイク、バンブーチバイシクル、バンバイク北京、シンプルバイクス、マスエリデザイン、アートバイクバンブー、バンブーサイクルズ、バンブーバイクハワイのように、生産消費者（プロシューマー）[51]として身近にある竹を使ってつくり始めた竹自転車が、共感や社会的関心を引き起こし、広がることで社会問題や環境問題の解決に貢献していく「インサイド・アウト」のパターンである。生産消費者は、暮らしに必要だけど何処で、誰が、どのように作ったか知らないモノや食べ物を単に受動的に市場から購入するのではなく、クロード・レヴィ＝ストロースのいう「野生の思考」[52]を持ち、能動的に自らの手でブリコラージュ的に自分のため、家族のため、地域のために少量生産する人々である。彼らは「売れそうなモノ」を自分の手でつくるのではなく、「人が生活に本当に必要とするモノ」をつくる人々である。近年ではデジタルファブリケーション技術やオープンデータの発達により、生産消費者の数は増加している。このパターンで見られる竹自転車の取り組みも、この生産消費者の台頭の流れに対応したものといえる。どちらのパターンが採用されるかは、発起人の環境や社会問題に対する意識によって変わる。

そして取り組みが行われている場所を見ると、ロンドンやミラノ、パリ、ニューヨーク、東京、ヘルシンキ、アムステルダム、コペンハーゲン、ストックホルムなど、デザイン先進地域以外の周縁部で同時多発的に起こっている。ほとんど全ての取り組みは、どこにでもある身近な竹を丸竹のまま使用し、特別な加工機械や設備、機材を使わず製作していた。そして設計に必要なCadソフトをインターネット上の自由ソフトウェアを使っている取り組みもあった。このハードルの低さが、地域分散型の竹自転車づくりを可能にし、誰でも始めることができる活動にしている。地域に限定された小さな規模から始まっていても、インターネットやソーシャルメディア（例えばフェイスブック上のBamboo Bike WorldwideやBamboo Bike Builders of the Worldなど）をうまく活用し世界中の人々とつながることで、世界に向け各地の竹自転車づくりをオープンにしたり、アイデアを共有したり、世界中の人々に教えたり、世界中の人々からつくり方を学んだり、地域やオンライン上でオープンなコミュニティを生んだりし、竹自転車のデザインや製作を誰もが参加できる創造活動にしている。

そしてこのようなつながりの多くは、やがてパートナーシップの形成に発展している。ほとんど全ての取り組みに共通したＳＤＧｓを見ると、目標17

の「パートナーシップで目標を達成しよう」である。パートナーシップとは、信頼を基本とした人と人のつながりである。そして世界中の様々な人々とつながるということは、情報・アイデア・モノ・カネがつながったり、共有や共創したりすることが可能になるということである。このパートナーシップをもとに、竹自転車づくりのエコシステムがグローバルに形成されることで、周縁部の小さな取り組みが、世界を相手に新しいエコ・ソーシャルなビジネスを展開することを可能にしている。そして各地の取り組みを見ると、始まったきっかけはどうあれ、竹自転車を触媒に持続可能な生活文化や経済活動を育んだり、社会が抱える課題や自然環境問題を解決したりするなど、地域の中でＳＤＧｓを推進していく有効な手段になり得ることが見えてきた（表1）。

ミラノ工科大学名誉教授でデザイン学者のエツィオ・マンズィーニ[53]は、グローバリズムに対抗し、サステナブルで新しい社会経済活動を展開していくためのキーワードとしてＳＬＯＣ（小さい（Small)、ローカル（Local)、開かれた（Open)、つながった（Connected）の頭文字）というフレームワークを提唱[54]しており、世界中の竹自転車の取り組みを見ると、ＳＬＯＣの考えを具体化した活動といえる。つまり各地で静かにそして小さい規模ながら、同時多発的に始まっている取り組みが互いにつながることで、バタフライ効果のように大きな社会変革を促しているのである。そしてその動きは中心部からは見えない周縁部で既に始まっている。

表１：各地の竹自転車の取り組みと関連するＳＤＧｓ

国	企業・団体名	関連するＳＤＧｓ
ガーナ	ブーマーズ	目標1「貧困をなくそう」、目標4「質の高い教育をみんなに」、目標5「ジェンダー平等を実現しよう」、目標8「働きがいも経済成長も」、目標9「産業と技術革新の基盤をつくろう」、目標10「人や国の不平等をなくそう」、目標11「住み続けられるまちづくりを」、目標12「つくる責任、つかう責任」、目標15「陸の豊かさを守ろう」、目標17「パートナーシップで目標を達成しよう」
ザンビア	ザンバイクス	目標1「貧困をなくそう」、目標4「質の高い教育をみんなに」、目標8「働きがいも経済成長も」、目標9「産業と技術革新の基盤をつくろう」、目標11「住み続けられるまちづくりを」、目標12「つくる責任、つかう責任」、目標17「パートナーシップで目標を達成しよう」
フィリピン	バンバイク	目標1「貧困をなくそう」、目標8「働きがいも経済成長も」、目標9「産業と技術革新の基盤をつくろう」、目標4「質の高い教育をみんなに」、目標11「住み続けられるまちづくりを」、目標12「つくる責任、つかう責任」、目標17「パートナーシップで目標を達成しよう」
タイ	ブラウンバイク	目標12「つくる責任、つかう責任」、目標4の「質の高い教育をみんなに」、目標11「住み続けられるまちづくりを」
インド	バンブーチバイシクル	目標1「貧困をなくそう」、目標8「働きがいも経済成長も」、目標9「産業と技術革新の基盤をつくろう」、目標12「つくる責任、つかう責任」、目標15「陸の豊かさも守ろう」
ネパール	アバリ	目標9「産業と技術革新の基盤を作ろう」、目標11の「住み続けられるまちづくりを」目標15「陸の豊かさも守ろう」、目標11「住み続けられるまちづくりを」、目標5「ジェンダー平等を実現しよう」、目標17「パートナーシップで達成しよう」

国	企業・団体名	関連するＳＤＧｓ
中国	バンブーバイク北京	目標4「質の高い教育をみんなに」、目標11「住み続けられるまちづくりを」、目標12「つくる責任、つかう責任」、目標3の「すべての人に健康と福祉を」、目標17「パートナーシップで目標を達成しよう」
	シンプルバイクス	目標1「貧困をなくそう」、目標8「働きがいも経済成長も」、目標12「つくる責任、つかう責任」
ベトナム	ベトバンブーバイク	目標1「貧困をなくそう」、目標12「つくる責任、つかう責任」、目標11「住み続けられるまちづくりを」、目標8「働きがいも経済成長も」、目標9「産業と技術革新の基盤をつくろう」、目標17「パートナーシップで目標を達成しよう」
インドネシア	イーストババンブーバイクス	目標8「働きがいも経済成長も」、目標9「産業と技術革新の基盤をつくろう」、目標10「人や国の不平等をなくそう」、目標15の「陸の豊かさも守ろう」、目標17「パートナーシップで達成しよう」
オーストリア	バンブーライド	目標10「人や国の不平等をなくそう」、目標12「つくる責任、つかう責任」、目標3「すべての人に健康と福祉を」、目標17「パートナーシップで目標を達成しよう」
	クロスオーバー	目標11「住み続けられるまちづくりを」、目標16「平和と公正をすべての人に」、目標3「すべての人に健康と福祉を」、目標17「パートナーシップで目標を達成しよう」
ドイツ	マイブー	目標1「貧困をなくそう」、目標10「人や国の不平等をなくそう」、目標4「質の高い教育をみんなに」、目標12「つくる責任、つかう責任」、目標3の「すべての人に健康と福祉を」、目標17「パートナーシップで目標を達成しよう」
オランダ	プロジェクトライフサイクル	目標12「つくる責任、つかう責任」、目標1「貧困をなくそう」、目標11「住み続けられるまちづくりを」、目標17の「パートナーシップで目標を達成しよう」

国	企業・団体名	関連するＳＤＧｓ
イギリス	バンブーバイシクルクラブ	目標4「質の高い教育をみんなに」、目標12「つくる責任、つかう責任」、目標8「働きがいも経済成長も」、目標11「住み続けられる街づくりを」、目標17「パートナーシップで目標を達成しよう」
フランス	ブレイズバンブーバイク	目標12「つくる責任、つかう責任」、目標4「質の高い教育をみんなに」、目標3「すべての人に健康と福祉を」、目標8「働きがいも経済成長も」、目標17「パートナーシップで達成しよう」
スペイン	バンブーバイシクルツアー	目標11「住み続けられる街づくりを」、目標10「人や国の不平等をなくそう」、目標8「働きがいも経済成長も」、目標17「パートナーシップで目標を達成しよう」
アルゼンチン	マスエリデザイン	目標4「質の高い教育をみんなに」、目標12「つくる責任、つかう責任」、目標11「住み続けられるまちづくりを」、目標17「パートナーシップで目標を達成しよう」
ブラジル	アートバイクバンブー	目標12「つくる責任、つかう責任」、目標4「質の高い教育をみんなに」目標1「貧困をなくそう」、目標11「住み続けられるまちづくりを」、目標17「パートナーシップで目標を達成しよう」
メキシコ	バンブーサイクルズ	目標12「つくる責任、つかう責任」、目標11「住み続けられるまちづくりを」、目標4「質の高い教育をみんなに」、目標9「産業と技術革新の基盤をつくろう」、目標17「パートナーシップで目標を達成しよう」
アメリカ	バンブーバイクスハワイ	目標4「質の高い教育をみんなに」、目標11「住み続けられるまちづくりを」、目標12「つくる責任、つかう責任」、目標15「陸の豊かさを守ろう」、目標9「産業と技術革新の基盤をつくろう」、目標17「パートナーシップで目標を達成しよう」

第二部
スペダギ竹自転車プロジェクトと
サステナビリティ

第二部では、筆者が長年関わっている「スペダギ」というインドネシアと日本で展開されている竹自転車プロジェクトを事例にサステナビリティとの関係を詳しく見ていきたいと思う。まずスペダギが生まれた背景を理解するためにインドネシアはどのような国で、ＳＤＧｓはどこまで達成されているか見ていく。

インドネシアについて

東南アジアに位置し、経済成長著しい新興国インドネシア。大小約1万7000の島々（そのうち約9000の島々に人が住んでいる）があるが、俯瞰すると地理的にはスマトラ島、ジャワ島、カリマンタン島、スラウェシ島、パプアの5つの大きな島と、小スンダ、マルクの両諸島から構成されている。国土総面積は約190万平方キロメートルで日本の約5倍もあり、東の端から西の端までの距離は、アメリカの東海岸から西海岸の幅とほぼ同じの約5000キロメートル、北の端から南の端まで約1900キロメートルもある。

このようにインドネシアの島嶼性は、島ごとに固有の自然や文化を育んできた。インドネシアは、ブラジルやコンゴ民主共和国に次いで世界第3位の熱帯林を有しており、地球上の生物種の約20％、32万5000種の野生動植物が生息する世界有数の生物多様性が豊かな国家である[55]。またインドネシアには約130の火山があり、ジャワ島中部のメラピ山（2968メートル）や東部のスメル山（3676メートル）など、その内の80近くが活火山で世界有数の地震多発国であるが、一方その活発な火山活動は、インドネシアに豊かな生態系を形成してきた。

2021年現在、インドネシアの人口は約2億7000万人[56]だが、歴史や文化が異なる250以上のエスニック・グループ[57]があり、公用語はインドネシア語で

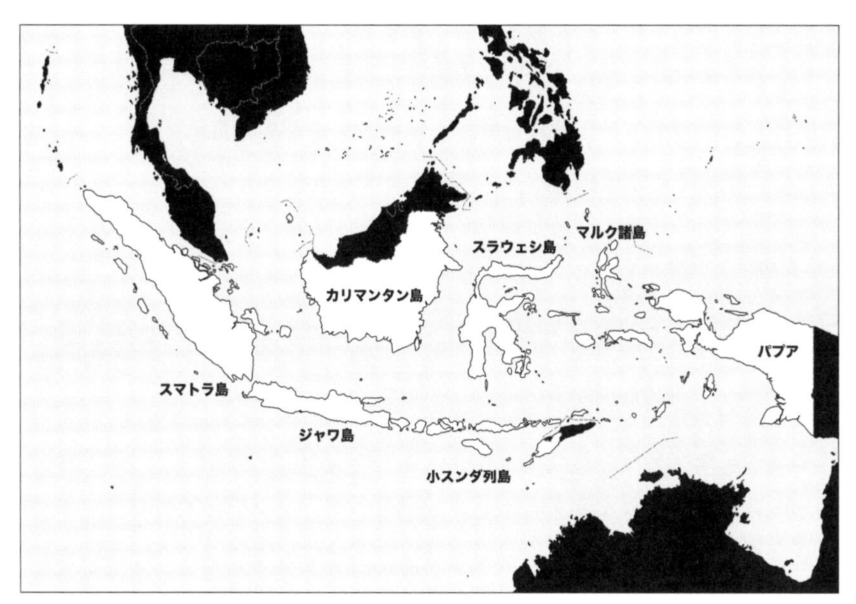

図3：インドネシア　（筆者作成）

あるが、200から400とも推定される地方語[58]が話され、また宗教はイスラム教をはじめ、キリスト教やヒンドゥー教、仏教など、様々な宗教が存在し、一つの国の中で多様な民族がそれぞれの伝統と慣習を持って暮らす世界一の多民族国家でもある。

■発展し続けるインドネシア

インドネシアは、このような豊かな自然や文化の多様性を活力に経済発展を遂げてきた。独立戦争の後に始まった、スカルノ政権（1945年〜1967年）によるオランダ企業が所有するプランテーション（大規模農園）の「国有化」の時代では、植民地時代から続く外国による経済支配を払拭し、国民経済のインドネシア化という国家目標を掲げ「インドネシア社会主義」に基づいた、スカルノによって「指導される経済」を実現した。そのためスカルノは、オランダ企業を国有化し、国営企業を中心とした経済体制を構築した。しかし、国営企業の経営不振、輸出不振、財政赤字とインフレの悪化によって、経済は破綻にむかってしまう。

1968年に発足し、32年間続いたスハルト政権による「開発（プンパングナン)」の時代では、社会主義的統制経済を資本主義的自由経済へ転換することで、西側から投資と援助を取り込み、スカルノ時代に破綻寸前にまで陥った経済の立て直しを図った[59]。政治的な自由は大幅に制限されたが、石炭、天然ガス、錫、ボーキサイトなど、豊富な地下資源を活用して外国企業と国内企業との共同経営によって工業化や食料増産、社会開発を推進することで、高度経済成長と政治的安定を実現させていった[60]。そして開発の果実を国民全体に配分することで貧困人口も3分の1以下にまで減らし、政治的な不自由や開発独裁に対する国民の不満を抑え、1993年には世界銀行から「東アジアの奇跡」と評価された。

アジア通貨危機以降の「改革（レフォルマシ)」の時代では、国民の自由を制限してきた規制を撤廃し、自由と人権を保障する民主化の方向へ改革を進められた[61]。2014年にジョコ・ウィドド大統領が就任すると、鉄道や港湾、

ジャカルタのショッピングモール　筆者撮影

電力など、大規模なインフラ整備に向け、規制緩和を実施し、海外からの投資を促進する政策を進め「世界の経済大国」を目指し現在も経済成長を続けている。

現在、インドネシアの経済を堅調に成長させている原動力は、人口増加や最低賃金の上昇などを追い風に増加している個人消費であると言われている[62]。個人消費の増加は、消費者の購買意欲を刺激し、消費欲を生み出す。そして各産業は、その消費欲を満たすために、インドネシアの豊かな自然から資源を採取・加工し、製品・サービスを大量生産し、消費者に大量消費・大量廃棄してもらうことでＧＤＰを拡大させ、経済を成長させ続けている。イギリスの調査会社プライスウォーターハウスクーパースによるとインドネシアは、2030年にＧＤＰが世界のトップ5に入り、2050年には日本を抜いて世界4位の経済大国となると予想されている[63]。

■経済成長がもたらした負の側面

一方、このような経済成長の裏には、人口格差[64]や都市農村格差[65]、所得

ごみで埋め尽くされるゲンドン川（北ジャカルタ）©The Jakarta Post

ジャカルタの様子　筆者撮影

格差[66]、地域間格差[67]などの社会格差や森林破壊[68]や廃棄物問題[69]、大気汚染[70]、水質汚染[71]などの自然・生活環境破壊問題を深刻化させている状況を生んでいる。個人消費が旺盛で経済成長を牽引している都市部においても、慢性的な交通渋滞や大気汚染、水質汚染、ごみ問題、飲料水・生活用水の汚染、都市スラム、住宅不足、犯罪の増加を引き起こしている。ナンベオ社が毎年発表しているクオリティー・オブ・ライフに関するデータベース「Quality Life Index by City 2020」によると、世界の都市の中でジャカルタのＱＯＬ指数[72]は227位中221位という結果である[73]。従ってインドネシアは持続可能な形で社会が発展をしているとは言い難い状況にあるといえる。

インドネシアのＳＤＧｓ達成状況について

インドネシアではこのような持続不可能な発展状況を受け、ＳＤＧｓを国家開発計画として統合し、持続可能な発展を推進していくために、2017年7月に大統領令（2017年 第59号）が発令された。これによって政府のＳＤＧｓ推進に関する方針と実施体制が規定され、国家開発計画庁内にＳＤＧｓ事務局が設置された。ＳＤＧｓ事務局の事務局長は国家開発計画庁長官が務め、その上には、インドネシア大統領が委員長を務める運営委員会が設置された。事務局の下には、国家開発計画庁副長官が中心の実行チームが設置され、国家レベルにおけるロードマップの作成や国家・地方レベルでの行動計画の策定、公共セクターや市民セクター、民間セクターへのＳＤＧｓの普及や啓蒙活動、ＳＤＧｓのモニタリングや評価など、様々な活動を行っている。

2017年7月にニューヨークで開催された国連ハイレベル政治フォーラムに出席した国家開発計画庁長官が「ＳＤＧｓはグローバルなコミットメントとしてだけでなく、先進国になるためのガイド[74]」と述べたように、ＳＤＧｓに取り組むことは国際社会の一員としの責務であると同時に、更なる経済発展をもたらすエンジンとして捉えられていることが窺える。そしてインドネシア大統領がＳＤＧｓの達成に向けた直接的な責任を負い、報告を行う義務を負うなど、国家の強い意志が垣間見える。

2021年のインドネシアのＳＤＧｓ達成状況を見てみると、165カ国中97位で平均スコアは66.3という結果になっている[75]。2021年現在、目標2の「飢餓をゼロに」や目標3の「すべての人に健康と福祉を」、目標9の「産業と技術革新の基盤をつくろう」、目標16の「平和と公正をすべての人に」は、依然として大きな課題が残っているが、穏やかな改善が見られている。目標6の「安全な水とトイレを世界中に」も大きな課題としてあるが、達成できるペースで改善している。目標10の「人や国の不平等をなくそう」に関しては、大きな課題として残っているが、達成状況に関しては情報不足のため確認ができなかった。目標11の「住み続けられるまちづくりを」や目標14の「海の豊かさを守ろう」、目標15の「陸の豊かさを守ろう」に関しては、大きな課題として残っており取り組みは停滞している。

目標1の「貧困をなくそう」や目標5の「ジェンダー平等を実現しよう」、目標7の「エネルギーをみんなに　そしてクリーンに」に関しては、重要な課題として残っているが、穏やかな改善が見られる。目標8の「働きがいも経済成長も」も重要な課題として残っているが、達成できるペースで改善している。目標17の「パートナーシップで目標を達成しよう」に関しては、重要な課題として残っているが、取り組みは停滞している。目標4の「質の高い教育をみんなに」は、課題を残っているが、達成できるペースで改善している。目標12の「つくる責任、つかう責任」に関しては課題を残しているが、達成状態については情報不足により確認ができなかった。目標13の「気候変動に具体的な対策を」に関しては、課題として残しており取り組みも停滞している。

このように現在、インドネシアが達成している目標は一つもない。ＳＤＧｓ達成に関する具体的な取り組みは、これから方向づけられる段階にあり、公共セクターや市民セクター、民間セクターの様々なステークホルダーたちの参画が期待されている状況であると言える。

インドネシアの農村で始まったサステナブルな取り組み

ＳＤＧｓ達成には行政だけではなく、企業やＮＰＯ・ＮＧＯ、市民など、全てのステークホルダーたちが参画し、取り組むことが求められているが、そんな中、今インドネシアでは、持続可能な社会の実現に向け、地域資源をデザインによって活用する取り組みが、発展から長く取り残されてきた農村から始まっている。そしてその取り組みは、都市が持つ物質的な豊かさを目指した発展ではなく、農村独自の持続可能な発展モデルの模索をしているように見える。「目の前にある現実と闘っても、ものごとは変えられない。何かを変えたいなら、新しいモデルを築いて、既存のモデルを時代遅れにすることだ[76]」というバックミンスター・フラーが残した言葉を実践するかのように、草の根からオルタナティブな取り組みが農村から始まっているのである。

背景にあるのは、更なる経済成長によって富がトリクルダウンすることで、格差や不平等の問題が解決されるのを待ったり、余った富が環境投資され環境破壊や汚染が改善されるのを待ったりするのではなく、クリエイティビティによって農村の未来を当事者として、自らが創り出そうとする意志を持ったデザイナーたちが、自分の故郷の農村に戻り始めているのである。

ラワースが指摘しているように地球規模での格差や不平等の拡大、地球生命システムの破壊の拡大によって、経済活動の目標が「ＧＤＰの果てしない成長」から自然環境の許容限界内での「均衡の取れた繁栄」へ変化[77]しており、デザインにおいても「経済成長をもたらす道具」ではなく、ヴィクター・パパネックの言う「人々の本当の要求や社会や環境の問題に応える道具[78]」としての役割が今再び求められている。

つまりデザインは、少数派の富裕層の快楽主義的・消費主義的な要求ではなく、公共の利益や人類の福祉に役立つことが求められているのである。しかし実態は、支払い能力があって、たくさん消費してくれる富裕層（もっとも助けを必要としていない世界の少数派）を楽しませたり、元気付けたりするために、デザイナーは多くの時間、エネルギー、才能を注いできた[79]。なぜなら、富裕層がたくさん消費してくれれば、企業はたくさん儲かり、ＧＤＰが成長するからである。

しかし経済活動の目標がＳＤＧｓの達成へと変化する中で、デザインを「人々の本当の要求や社会や環境の問題に応える道具」として捉え直し、持続可能な社会の実現に向け、自然環境の許容限界内で豊かで公正な暮らしを実現するための新たな取り組みを始めるデザイナーたちが、貧困層など社会的弱者が多くいる農村に戻り「ビレッジデザイン」を実践し始めているのである。

ビレッジデザイナー、シンギー・スシロ・カルトノ

このようなビレッジデザインのリーダー的な存在が、プロダクトデザイナーであり、インドネシアで竹自転車を使った村おこしプロジェクト「スペダギ」を始めたシンギー・スシロ・カルトノである。シンギーは、デザインに対する認識の変化を20年以上も前から先取りし、自分の生まれ故郷である村に根を張りながらビレッジデザインを実践している。そこでスペダギを取り

シンギー・スシロ・カルトノ　©Piranti Works

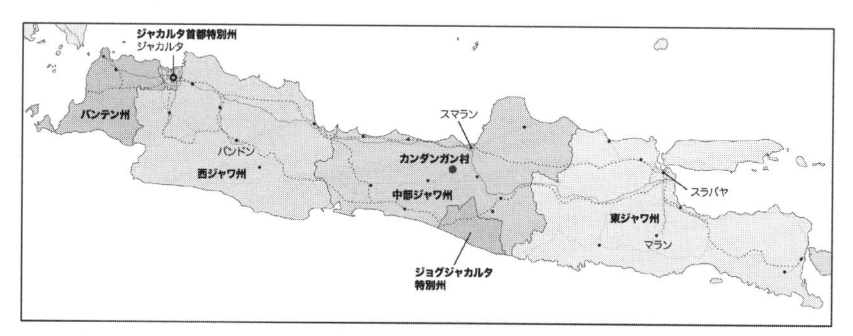

図４：ジャワ島にあるカンダンガン村の位置　(筆者作成)

カンダンガン村の農村風景（手前は畑、奥はスンビン山）　筆者撮影

上げる前にシンギー自身の経歴やスペダギのプロジェクトへ展開していくことになる「マグノ（magno）」のビレッジデザインについて触れる。

シンギーは、ジャワ島中部ジャワ州テマングン県にあるカンダンガン村[80]で生まれた。子どもの頃は、よく近くの森で集めた木で玩具をつくったという。また村の大工の仕事を見ることが大好きで、よくその仕事を傍から見ていたという、モノづくりが大好きな典型的な工作少年だった。やがて木やモノづくりに対する関心は、西ジャワ州の州都バンドンにある名門の国立バンドン工科大学でプロダクトデザインを学ぶことにつながっていった。

1992年に大学を卒業した後は、バンドンに残り、木製の家具や手工芸品、玩具を製作する木工会社「プラシダ・アディクリヤ（PT Prasidha Adhikriya）」で3年間プロダクトデザイナーとして働いていた。しかし大都市の忙しい生活や交通渋滞に嫌気がさし、1995年にカンダンガン村へUターンすることを決心し、妻のトリ・ワユニ（高校時代の同級生）と村で木製玩具のビジネスを始めることになった。また当時、偶然手にしたアルビン・トフラーの「未来の衝撃[81]」を読み「将来、多くの人々は、コミュニケーションやテクノロジーの発達のおかげで、世界とつながったまま、都市ではなく農村など遠隔地で働き、住むようになる」という地域分散型社会の考えに触れ「未来のコミュニティの姿は農村にある」という確信を持てたこともこの決断を大きく後押しした。

シンギー氏が考える未来の村の姿

ここで、シンギーが考える未来の村の姿を彼の仮説をもとに見てみたい。シンギーによると前工業化時代では、個々の村はとても小さく各地で分散し存在していた。基本的に村人は、それぞれの地域内の自然の環境収容能力内

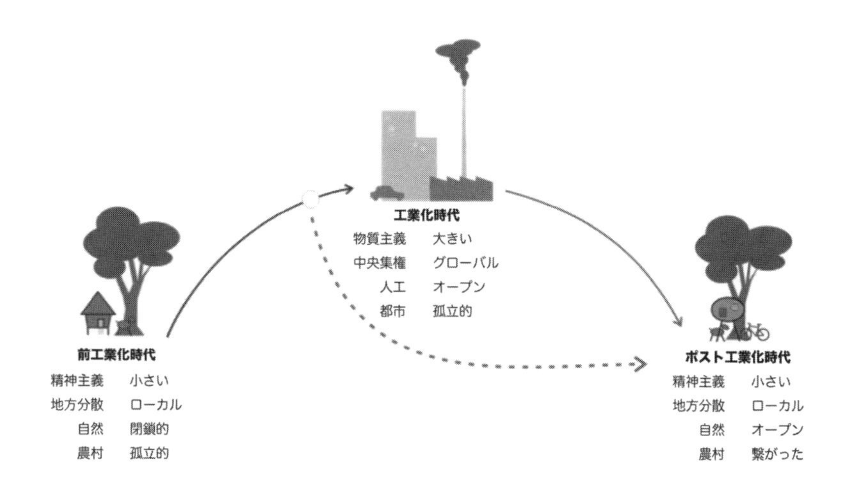

シンギー氏が考える未来社会の姿（筆者翻訳）　©ICVR

で暮らしていた。自然は、村のコモンズとして共有され、外部に対し閉鎖的であった。個々の村は孤立して存在していたが、地域の自然と環境収容能力内の暮らしのおかげである程度、自給自足の暮らしが成立していた。そして人々は宗教的なことなど､精神的なことに価値を見出し暮らしていたという。

しかし工業化時代が始まると、状況は変わってしまう。個々に分散していた村が､中央集権的な都市を中心に再編成され､従属していくようになった。中央の都市は各地の村から資源や労働者、食料を大量に吸収し、モノやサービスの大量生産、大量消費、大量廃棄が行われるようになった。様々な格差が生まれ、その結果、相互不信や無関心、個人主義が台頭し、人々は孤立感を深めいった。そして人々はモノの所有や他者に見せびらかす消費（衒示的消費）など、物質的なことに価値観を置くようになっていったという。

ポスト工業化時代に入ると、コミュニケーション技術の発展や精神的な疲弊も手伝い、村に戻り始める人が出てきた。人々は、地域の自然を大切にしながら、自然と共に自然を生かした暮らしをデザインし始めている。前工業化時代との違いは、インターネットのおかげで、村人は村に居ながら世界とつながることができるため、村に住みながら働くことができる点である。世界とつながるとは、情報だけでなく、ヒト・モノ・アイデア・情報・カネがつながるということである。そして人々は自分の心の有り様など、精神的なことに価値を置くようになってきている。現在グローバルサウスにあって、前工業化時代の状態にある発展途上国の人々は、テクノロジーのおかげで一気に工業化時代を飛び越え、ポスト工業化時代に到達することができるという。

シンギーのポスト工業化時代の社会イメージは、エツィオ・マンズィーニのＳＬＯＣ理論を下地にしているのは明らかである。またシンギーの農村発展論は、二元論的で発展プロセスを単純化し過ぎている。インドネシアは、新興工業国＝ＮＩＣｓ（Newly Industrialized Country）の一員で経済大国を目指しており、インドネシアが工業化時代以前の段階にいると考えるのは無理がある。しかしここで重要なのは、シンギーの仮説の是非ではなく、シンギーのデザインは、このポスト工業化時代における社会のあるべき姿をデザインを通して実現しようとし、世界のモデルとなるべく実証事例を示している点である。それでは今からシンギーのデザイン活動について詳しく見ていきたい。

マグノのモノづくり

シンギーは、2003年にカンダンガン村でピランティワークスを創業し、マグノのブランドを立ち上げた。「マグノ」という言葉の由来は、ピランティワークス（PT[82] Piranti Works）を立ち上げた時、シンギーが最初に手がけたデザインが「虫眼鏡（magnifying glass)」であったことから付けられた造語で「細部に関心の目を向ける」という意味を込めて付けられた。現在マグノ

magno

マグノの由来となった折りたたみ式虫眼鏡とマグノのロゴマーク　©magno Japan

マグノの製品　筆者撮影

では、カンダンガン村で育成された木材を使って村の若者を雇用し、ラジオやＷｉＦｉスピーカー、文房具、時計、玩具などの工業製品を地元の自然資源を使って手づくりで生産している。

95%の製品は日本や米国、ヨーロッパ、香港、シンガポールなど海外市場に輸出されており、残り5%は、ジャカルタやバリ、バンドンなど、国内市場に売られている。村で手に入れることが可能な地域資源（自然資源や人材などの社会資源）をデザインによって生かすことで、国際競争力を持った製品がつくれることを証明した。

■新しい工芸

マグノのモノづくりは、シンギーが提唱する「新しい工芸（New Crafts)」という独自の考えにもとづいている。この考えに影響を与えたのが、大学の卒業研究の指導にあたったスリヤ・ペルナワであった。ペルナワは彫刻家・工芸家という顔を持ち、シンギーが大学卒業後に就職し、3年間働くことなるプラシダ・アディクリヤの創業者でもある。ペルナワとの出会いは、インドネシアの農村の暮らしとインドネシアの手工芸が抱えている課題について関心を呼び起こし、研究していくきっかけを与えてくれたのである。

従来、伝統工芸などの職人によるモノづくりは、熟練した職人が一点一点つくったり、幾つもの工程を熟練した職人が分業して行なったりしていた。

工房での作業の様子　筆者撮影

一方、このようなモノづくりは、非常に精密で高品質で高価なモノができあがるが、技術の習得に長い年月や鍛錬が必要になる。このような方法でのモノづくりでは、熟練した職人を立派に育てる前に、後で述べる様々な課題によって村が疲弊してしまうため、現代のインドネシアの農村の実情には合わないのである。

しかし新しい工芸では、熟練した職人が1人で行なっていた仕事を単純な仕事に分解し、作業をマニュアル化することで、熟練した職人ではなくても労働者が仕事を行うことができるようにした。語弊があるかもしれないが、モノづくりの敷居を低くすることで、村の若者は仕事を得やすくなった。だからと言って、品質が悪いモノをつくっているわけでは決してなく、生産の各段階に設けられている作業標準書や品質標準書に従って手づくりで工業製品を生産している。このような「新しい工芸」は、労働集約型で、初期投資も少なく、高度なテクノロジーを必要としないため、若者の都市部流出や後継者不足によって伝統工芸が衰退・消滅の危機にある農村の再生や発展に向け、効果を期待することができるのである。

■「より少ない木で、多くの仕事を（Less Wood、More Works)」と「より少しの伐採で、もっと植林を（Cut Less、More Plant)」

シンギーがマグノを始めた頃のカンダンガン村は、インドネシアの多くの村がそうであるように、森林破壊やごみ問題、失業、若者の頭脳流出による人材や担い手不足、農業の近代化による伝統農業の崩壊、消費主義的ライフスタイルなどに直面していた。このように村に起こっている近代化による変化は、中央政府や地方政府からすると一見「進歩」に見えるが、シンギーにとっては表面的な進歩であり、現場に近づいてよく見てみると村の暮らしは「悪変」していると感じられたという。

しかし自分のプロダクトデザインの知識やスキル、経験を使い、村の若者を雇用し、地域の再生可能な自然資源を生かしたマグノのモノづくりは、村が直面していた課題解決に徐々に貢献するようになっていった。そしてデザインによる新しい工芸の実践は、村を成長させ、持続的に暮らしていくための「生きのびるための武器」であるということに気づき、新しい工芸の実践に自信を深めていくことになった。これがシンギーのビレッジデザインの始まりである。

マグノでは「より少ない木で、多くの仕事を（Less Wood、More Works)」と「より少しの伐採で、もっと植林を（Cut Less、More Plant)」という標語を掲げている。マグノの製品には、地元で育てられ、計画的に伐採されたマホガニーやローズウッド、センゴンが使用されている。これらの木を材木や燃料として二束三文で業者に売るよりは、地元のモノづくりに生かすことで、付加価値や資源生産性が高まり、村に利益が還元される。例えば、マグノのモノづくりは、約2本の木で1人の職人が2年間暮らしていける仕事を生んでいる。更にマグノでは、収益の一部を使って、会社の敷地内で苗木の育成や地元地域での植林活動を行なっており、村の自然環境の保全だけでなく、自然資本を増やしている。

苗木の育成の様子　筆者撮影

植林活動から生まれたコーヒー　筆者撮影

マグノは、年間約80本の木を消費するが、約1万本の木を村人と共同で植えている。シンギーにとってこのような植林活動は、マグノの持続可能性にとって重要な取り組みであり、木で生業を立てる者の責任と捉えている。従業員には労働の対価として給料を支払うが、自然の恵の対価に対して何も支払わないのは「掠奪」であるという認識から、一方的に自然から木を奪うだけではなく、自然に苗木を返し、自然資本を増やしていくことが重要と考えているのである。つまり自然や社会から「何を得られるのか」だけを考えるのではなく「何を与えることができるか」も考えることが持続可能な社会づくりや自然環境の保全に重要な要素なのである。そしてシンギーにとって木は単なる「環境に優しいエコな資源」ではなく、「生命ある生き物」と見做している。従って植林活動は、奪った命を新たに育み、自然に返すことで命を循環させ、持続させる営みでもある。

植林活動では、コーヒーノキや果樹を森林に植えるアグロフォレストリーも実践している。森の中で栽培され、育成中に農家は収入を得ることができる。2013年には、植林したコーヒーノキからつくられたコーヒーが「ドゥアグノンコーヒー」としての販売するに至り、農家の収入を向上させている。またドゥアグノンコーヒーの売上の50％を農家に還元し、作付面積を拡大し、収入向上を目指している。地域の自然資源や人材を生かして単に美しく魅力ある製品の追求だけでなく、村の自然環境や社会の持続可能性をも目指したシンギーが実践するヴィレッジデザインは、英国デザイン賞、デザインプラス賞（ドイツ）、インデックス・デザイン・アウォード（デンマーク）、アジアン・デザイン賞（香港）、グッドデザイン賞（日本）、キッズデザイン賞（日本）、国際デザインリソース賞（アメリカ）、グッドデザイン・インドネシア賞など、世界中のデザイン賞を受賞し評価されてきた。

シンギー氏のデザイン観

シンギー自身が、自身のデザイン観をまとめた、マグノフェストという宣言文があるので紹介する。「**持続可能性**は、**私たち自身を再定義**するための機会である。**自然界を損なう**生物は、私たち人間以外にいない。私たちは、自然界の**資源は有限**であるということを忘れ、**制御不能に拡大・加速する**生産と消費の循環の中で暮らしている。もし私たちが協力し合えば、自然界を守ることができるが、競争は資源を無駄にしてしまう。自然界は私たちが無視できない三つの重要なことを教えてくれる。**生命、バランス、有限性**。自然界は単純なやり方で動いている。もし私たちが何か**ポジティブなことを行えば、お返しとしてポジティブ**な何かを受け取ることができる。**デザイナー**は、**驚く**べく知識を持っている。しかしそれは**危険な**ことでもある。10%の知識をモノのデザインすることに使い、残り90%は**自然を回復**させるために使おう（太字は原文)」

マグノフェストに見るシンギーのデザイン観は、デザインを「経済成長をもたらす道具」ではなく、「人々の本当の要求や社会や環境の問題に応える道具」として捉えていることがわかる。従来、デザイナーは100%近くの知識や創造性をモノのデザインに使用し、自然環境破壊に関しては無頓着であった。エコデザインなど環境に配慮するデザインが1990年代から盛んになり、多くの企業で実践されるようになったが、基本的にはマクダナーの言う自然を損なわないように影響を最小限にするためのデザイン（Being Less Bad)[83]を行なっている。経済活動の目標が「ＧＤＰの果てしない成長」から自然環境の許容限界内での「均衡の取れた繁栄」へ変容する中で、デザイナーに求められているのは「自然を損なわないように影響を最小限にするためのデザイン」ではなく「自然を回復させるためのデザイン（Do More

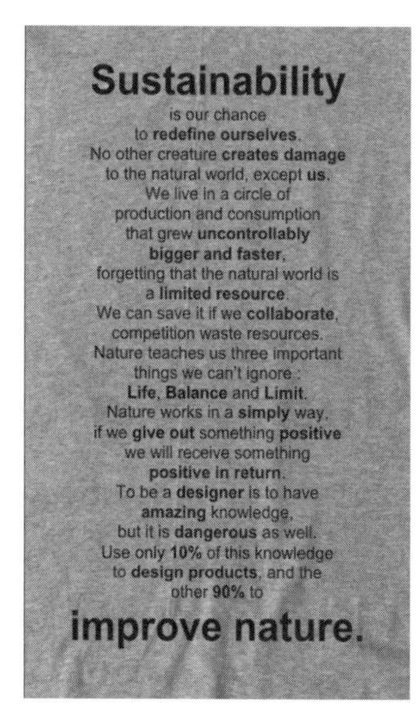

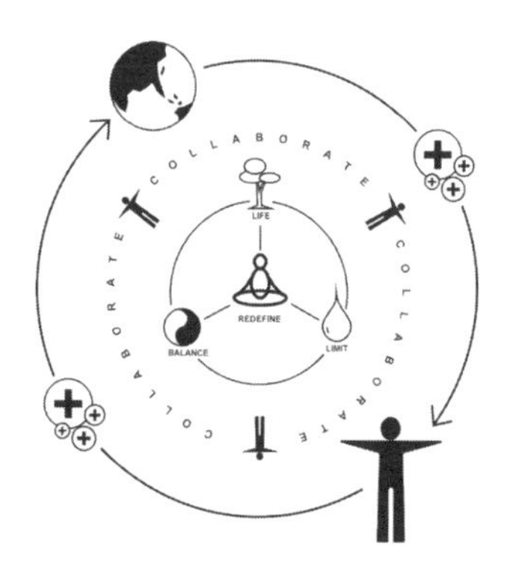

MAGNOFESTO

マグノフェスト　©Piranti Works

Good)」の実践である。マグノフェストは、これからのデザイナーの役割や在り方について大いに学ぶべき思想が含まれているのではないだろうか。

ビレッジデザインの課題

世界的に評価されたシンギーのビレッジデザインだが、課題もあることを指摘しておきたい。「新しい工芸」にもとづくマグノのモノづくりは、仕事を分業化し、作業をマニュアル化することで、経験のない若者でも村に止まり仕事ができ、暮らしていけるようにした。しかし作業の標準化や分業化は、テイラー主義に陥る危険性があり、行き過ぎると従業員を無力化してしまう。そして生産に関する知識の囲い込みは、従業員の自律性や創造性を奪ってしまう。結果的に従業員は、分業を組織するシンギーの命令に従わざる得なくなる。マグノのモノづくりは、シンギー自身のプロダクトデザインの知識やスキル、経験を生かすことで始まった。しかし、自分が囲い込んでいるデザインや生産、経営の知識を共有し、そして従業員の創造性を育み、デザイナーやクリエイター、企業家に育成するキャリアパスを構築しないと、単なる賃金労働者で終わってしまい、将来を担う人材が育たない。そしてシンギーのように何か新しいことにチャレンジし、村で起業しようとする若者が生まれず、結果的に村にイノベーションが生まれないため、村の将来や発展の可能性を狭めてしまうことにつながる。

村はシンギーが健在で、マグノが好調な時だけ仕事があれば良いのではない。将来的にはマグノの従業員が独立していき、村で自らが新たな産業や仕事を生み出せるようにならなければ、いくら外部のヒト・カネ・アイデア・情報とつながっても、生かすことがむずかしいため、村の持続可能な発展は期待できない。村の発展が、シンギーのカリスマ性や創造性だけに依存し過ぎるのは、持続可能ではないのである。従ってビレッジデザインでは、村の再生可能な自然資源を活用した循環型のモノづくりによって雇用を生み出したり、自然環境を保全したりするだけでなく、未来に向かって村にイノベーションを起こしていく人材を育てていくことが何よりも重要になってくる。

スペダギの始動

マグノの成功でインドネシア国内外から注目されるようになったカンダンガン村。シンギーは、2013年から竹自転車を使って村おこしをするプロジェクト「スペダギ」を始める。「スペダギ」というこの聞き慣れない言葉は、インドネシア語の自転車「スペダ（Speda）」と朝「パギ（Pagi）」を組み合わせてつくった「朝自転車に乗る」という意味で、シンギーがつくった造語である。カンダンガン村で始まったスペダギは、中心部にある都市が、都市のニーズを満たすように、周縁部にある農村から低賃金の労働者や食料を搾取し、周辺にある村を支配し、従属関係に組み込み、村の自立性を奪う近代の発展モデルとは異なるあり方を実践するもので、農村が多く占めるインドネシアで、新たな未来社会の持続可能な発展モデルとして注目されているプロジェクトである。

■個人的なことから始まったスペダギ

スペダギが始まったきっかけは、実はシンギー自身の健康問題であった。医者からコレステロールが高いので運動することを勧められたことがきっかけで、朝に村をサイクリングし始めたのである。当初は既成のマウンテンバイクに乗りながら、サイクリングを行なっていた。村を毎朝サイクリングする中で、村の人々と世間話を交わしたり、村の様子を観察したりする内に、例えば地元バティック（Batik）[84]のマーケティングや農作物を使った商品開

竹自転車の第１号モデル　筆者撮影

カンダンガン村のジャイアントバンブーと竹フレームチューブ　筆者撮影

発の相談など、村人たちが抱える様々な課題の相談に乗るようになり、自転車で地域を巡ることは、自分が住んでいる村の課題発見の良い手段となることに気が付いた。そしてプロダクトデザイナーということもあって毎朝サイクリングしているうちに、自転車のデザインに興味が惹かれ始めた。

■村に自生している竹で自転車をつくる

興味本位で様々な自転車のデザインをインターネット検索している中で、偶然クレイグ・カルフィーの竹自転車を目にし、衝撃を受けたという。単に竹でできているだけでなく、デザインが美しく、良くつくり込まれていることに衝撃を受けた。これをきっかけに2013年から、自分の村に豊富にある竹を使った竹自転車作りが始まった。シンギーの最初の竹自転車は、世界の他の竹自転車と同様、丸竹を使用していた。

様々な種類の竹を試した結果、肉が厚く丈夫で、村に豊富にあるジャイアントバンブー（学名デンドロカラマスアスペル）を使うことに決めた。そしてシンギーは、丸竹をそのまま使用するのではなく、ジャイアントバンブーを集成材に加工して、均一な大きさのフレームチューブを量産し、それでフレームを組み立てるデザインを採用した。フレームの構造は、インドネシアの伝統建築に見られる屋根トラスの垂木からヒントを得た。ちなみに1本数百円の竹から550万ルピア（約4万5000円）から650万ルピア（約5万4000円）の価値を持つフレームが5〜6台分つくれるという。

第一部で見た多くの竹自転車はほとんど丸竹を使用している。一本一本形や径が異なる丸竹を使って組み上げるために、治具を使って角度を調整したり、それに合わせ丸竹を加工したりする必要がある。従って完成した自転車

竹自転車の製作風景　筆者撮影

スペダギの竹自転車（ミニベロ）©Spedagi

竹のごみ箱　筆者撮影

竹林のごみ溜め　筆者撮影

はこの世に一つだけで、全く同じものが存在しない工芸品的な自転車である。

しかしシンギーの竹自転車は、あくまでも「新しい工芸」の考えにもとづいた、手づくりの工業製品である。職人でなくても竹自転車をつくれるように作業を分業化し、マニュアル化することで、村でも自転車のような工業製品を中量産的につくれるようにした非常に完成度の高い製品である。他の竹自転車づくりで見られた「手づくりの一点モノ」ではなく、「手づくりの工業製品」という点が、スペダギのユニークな点である。1台製作するのに約

60時間を要する。ラグは廃棄された冷蔵庫などから金属板を取り出しつくっている。シンギーは、設計の改善を繰り返しながら2014年には製作を開始した。

資源は資源としてもともとそこにあるのではなく、誰かによって有用性が見出され、活用するためのアイデアや創造性、資源を生かす技術があって初めて資源となる。カンダンガン村にある竹林は、長年ずっとそこに存在していた。インドネシアの多くの農村のように、村人は、竹林から筍をとってきて食材として利用したり、建築足場として利用したり、ごみ箱や籠に使用したりしていた。最近では、竹でできた学校やホテルが誕生し、サステナブルな建築として世界的に注目を集めており、貧者の木材が再評価されてきているが、今でも竹はどこにでもあり、安価なため、一般的なインドネシア人には、「貧者の材木」と見なされている。そしてごみ収集が定期的に行われないカンダンガン村にとって、竹林はごみを廃棄するのに都合の良い場所になっていた。昔のように廃棄物のほとんどが有機物だった時は、ごみを廃棄しても自然に還るため問題なかったが、暮らしの中でプラスチックが多用されると、竹林にそのまま残ってしまう。

しかしシンギーは、村に自生している竹に価値を見出し、2014年から竹自転車の製作を本格的に開始した。製作とはいっても大規模な工業生産を目指しているわけではなく、村人による手づくりという形態での産業化を目指している。シンギーがデザインしたスペダギの竹自転車は、インドネシアでは驚きを持って受け取られた。フィリピンのバンバイクもそうであったが、「貧者の材木」である竹が、デザインによってインドネシアの平均月収[85]の2〜3倍にもなる製品になり、スタイリッシュで、美しい自転車になって登場したことにインドネシア社会が衝撃を受けたのである。ジャカルタポスト[86]（インドネシアの日刊英字新聞）やＣＮＮ[87]、キック・アンディー・ショー（インドネシアの国民的人気テレビ番組）、デザインブーム（デザイン、建築、アートの分野の国際的なウェブマガジン）[88]など、インドネシア国内外のメディアに紹介され、そしてブルガリア駐在インドネシア大使を通して、ルメン・ラデフ・第5代ブルガリア共和国大統領に寄贈されたり、ジョコ・ウィドド・第7代インドネシア大統領が2台も購入し、大統領選挙のキャンペーンに使用されたりした[89]。しかしこの竹自転車づくりは、単に村に豊富に自生している再生可能な自然素材を有効利用して、工業製品を開発して終わりではなく、竹自転車を使ってカンダンガン村を元気にし、自立させることを目的とした村おこし運動の始まりでもあった。

スペダギムーブメントの展開

スペダギは、2013年の竹自転車の開発から始まった。しかし農村で生まれた物珍しい乗り物で終わりではなく、社会運動へ発展していく。ヒト・モノ・カネ・アイデア・情報が大都市に集中する一方で、インドネシアに約7万5000ある村が衰退している状況を打破すべく、竹でできた自転車を活用して「村の再活性化（再生）」を目指す運動である。

シンギーは、農村を物質的にも社会的にも精神的にも優れた暮らしの実現を可能にし、自給自足的で、持続可能な暮らしを実現してくれる、ある種の理想的な場所と捉えている。つまり現代において村での暮らしは、近代的な便利さを一方的に我慢するような「過去に戻る」ことではなく、近代的な便利さを享受しながら、自然と調和して物質的にも社会的にも精神的にも豊かに暮らすことができる「懐かしい未来」と考えているのである。そして村の再生には、何か特別に新しいモノをつくり出す必要はなく、既に村が持っている地域資源を生かすことで可能となると考えている。そしてこの時、重要なのがデザインなのである。農村の再生や再活性には、創造性が重要なのである。シンギーは、カンダンガン村を村の再活性化や持続可能な暮らし方を

図５：スペダギの概念図　©Spedagi

実現するビレッジデザインについて学ぶための場として考えており、この村をインドネシア版農村活性化モデルと位置付けている。以下ではスペダギムーブメントを推進する取り組みを見ていく。

■農村体験のデザイン

スペダギでは、竹自転車とカンダンガン村でのホームステイ体験を都会からヒト・カネ・アイデア・情報など、外部資源を惹きつける磁石のような道具として捉えている。訪問者は、大学の実地見学ツアー参加者やサイクリスト、ＮＰＯ職員、行政関係者、外国からのツアー[90]やイベントの参加者、デザイナー、環境活動家、小規模な旅行者グループなどである。訪問者は、シンギーが貸し出す竹自転車に乗って村を巡り村人と交流したり、農村にホームステイしたり、シンギーの工房を見学したり、農業体験をしたり、自然環境保全活動に参加したり、伝統工芸のバティックを体験することで村にお金を落とす。そして訪問者はその対価として、カンダンガン村での様々な体験や学び、アイデアを都会や自分の出身地の村に持ち帰るのである。

訪問者の学びの成果は、竹自転車で通勤や通学を始めたり、野菜を自分でも育て始めたりするなど、都会での暮らし方の変革や改善につながるかもしれない。あるいは村での体験が、自分たちも村に戻ろう（Ｕターン・Ｉターン）という価値観や生き方に変化を促すことになるかもしれない。またはカンダンガン村での取り組みを参考に、自分たちの村でも新しいチャレンジが生まれるかもしれない。そして外部の人々との交流は、村人にとって自分たちの村が持つ価値を再発見し、誇りを持つきっかけとなり、また外からの新しいアイデアに触れる機会になっている。このような交流は、村に刺激をもたらし、イノベーションを生むことにもつながる。

ここで重要なのは、竹自転車が一つ一つ分散して存在していた村の資源を、ネットワークのようにつなぐハブの役割を果たしている点である。つま

カンダンガン村でのインフラ整備の様子　©Spedagi

カンダンガン村でのホームステイ　筆者撮影

り竹自転車に乗ることで訪問者は、バティックの工房や畑、竹林、ホームステイ先、休憩所、町の食堂や市場を自由に移動し、村を隈なく巡ることができ、村全体を体験し、農村の暮らしや社会全体を学ぶことができるのである。そしてそれは裏を返せば、血液が身体全体を巡ることで健康が保たれるように、ネットワークのように村全体がつながり、ヒト・カネ・アイデア・情報

ナディプロノ村でのホームステイ　筆者撮影

が巡ることができるようになることで、村全体に刺激をもたらし、元気になるのである。

シンギーは村でこのような活動を始めるにあたって、私財を投げ打って、サイクリングロードや訪問者が滞在する宿泊施設の整備など、インフラ整備を行なってきた。サイクリングロードは、行政に任せると、村の田園風景に似つかわしくないコンクリートの道ができてしまう危機感から、近くを流れる川から石を拾ってきて、それを丁寧に一つ一つ並べ、伝統的な石畳の道を先んじてつくった。宿泊施設は、地元の材木や材料を使って、伝統的な建築をカンダンガン村に建てたり、ナディプロノ村では、子どもたちが独立し空いている部屋を持っている住宅をリフォームしたりし、訪問者が宿泊できるようにした。興味深いのが、行政とは別軸で地元の村人たちが協力し合って、草の根的に地域づくりが行われている点である。

■村を元気にする国際会議（ＩＣＶＲ）の開催

またシンギーは、インドネシア国内外にスペダギムーブメントを広げるために、私財を投じて、2014年から隔年で「村を元気にする国際会議（International Conference on Village Revitalization、通称ＩＣＶＲ）」という国際会議を開催してきた。ＩＣＶＲの目的[91]は（1）新しく村の再活性化プロジェクトの開始を促し、実行中のプロジェクトを発展させること（2）村の再活性化に関する経験やノウハウを共有すること（3）村の再活性化に関連する知識や経験、ヒントを寄せ集めること（4）村の再活性化のローカルとグローバルなネットワークの両方を構築すること（5）村の再活性化の活動を通じて、持続可能なライフスタイルを広めること（6）村の再活性化を世界的な運動にすることである。

国際会議といっても学会のような堅苦しいものではない。会議の企画運営を行う実行委員会委員も、インドネシアの若者が中心である。会議期間中には、セミナーやワークショップ、展示会、視察を中心に様々なイベントが行われている。

第１回ＩＣＶＲは、2014年にカンダンガン村で「さあ村に帰ろう（It's time go back to village）」というテーマで開催された。筆者もキーノートスピーカーとして招待された。エアコンが効いている場所での学会発表に慣れていた筆者は、竹林の中を鶏が駆け回る清々しい雰囲気の中で、プレゼンテーションしたのは新鮮な体験であった。第２回ＩＣＶＲは、2016年にインドネシアを飛び出し、2日間の日程で山口県山口市で開催された。インドネシアから26名の参加者が来日し、合計100人以上の参加があった。1日目は、山口県山口市阿東にある廃校（旧亀山小学校）を拠点に、自転車に乗って村を巡るトラベリングワークショップが開催され、阿東の再活性化についてインドネシアと日本の若者たちが議論を交わし、デザイン提案を行った。一口に農村といっても、インドネシアと日本の状況は全く異なっており、再活性化を考える際、外の視点の大切さが確認された。2日目は、山口情報芸術センター（ＹＣＡＭ）に会場を移し、全体会議が行われた。第３回ＩＣＶＲは、2018年に「クールな協同（Coolaboration＝CoolとCollaborationを合わせた造語)」というテーマのもとテマングン県ナディプロノ村（カンダンガン村から8キロメートルの距離）で開催された。ステークホルダー間の協同は、相

ＩＣＶＲの様子　筆者撮影

乗作用を生み、村の再活性化を成功させるのに欠かすことができない要素である。ステークホルダー間の協同・パートナーシップは、プロジェクトの計画から実現まで成功を左右する。このような認識からこのテーマが設定された。第４回ＩＣＶＲは、2021年に「村とわたしたち:旅程から目的へ（Village and Us: from Journey to Purpose)」というテーマのもと開催された。2020年に対面で開催する予定であったが、コロナ感染拡大により1年延期され、残念なことにオンラインでの開催となった。

ＩＣＶＲを開催することで、外部から多くの人々がカンダンガン村にやってくる。そして会議に参加した人々が、ソーシャルメディアや論文、雑誌記事を通して世界中に発信することで、更に人々が実地見学や学びを目的に訪問することにつながっている。

■パサーパプリンガン（竹林マーケット）

パサーパプリンガン[92]（Pasar Papringan）は、2016年からカンダンガン村の近隣にあるナディプロノ村で始まった取り組みである。シンギーと千葉大学大学院でデザインを学んだフランシスカ・カタリスタ（Fransisca Callista）が中心となり始めた取り組みである。かつてはごみ捨て場だった竹林を村人総出で整備し、石を敷き詰め美しい市場に変えた。インドネシアの竹は、日本の竹のように地下茎が横に広がることがなく、範囲3メートルほどの株立ち状となるため竹林内部に広い空間が形成される。そして、この市場は、この空間を生かしてつくられた。パサーパプリンガンは、ウク暦[93]に従って1ヶ月（35日）に1回しか開催されず、地元の村人しか出店することができない。一般的な市場とは違って、パサーパプリンガンでは地元の材料を使い、地元の人がつくった地元の食べものや飲みもの、農作物、伝統工芸品、木製・竹玩具のみの販売が許されている。これにより地元に経済的な恩恵がもたらされる。パッケージや買い物かごも全て竹やバナナの葉を使用し、レジ袋の使用は禁止のため、ごみ問題も発生しない。ベンチや野外の街

パサーパプリンガン会場の作林整備　©Pasar Papringan

頭、子どもたちが遊ぶ遊具も全て村の竹でつくっている。パサーパプリンガンの準備は、前日に村人総出で行う。場所の整備から開催の準備まで村人総出で行うため、村人の結束や連帯感など、社会関係資本を強めている。

訪問者はパサーパプリンガンの入り口で、インドネシアルピアを竹の通貨プリングに両替しなければならなくて、このプリング以外使用することはできない。パサーパプリンガンは、インドネシアのテレビ番組で紹介されたおかげで、毎回数千人の訪問者が大挙してやってくる。その結果、村には長い交通渋滞が発生するという負の側面も生んでいる。今後オーバーツーリズムへの対処が大きな課題になると考えられる。

パサーパプリンガンが開催されていない時は、村の子どもの遊び場やミーティング、散歩など、公園のような場として使われる。竹林はインドネシアのどこにでもあり、かつて人々は日本と同様に竹から日用品や道具、家具、建築物をつくったり、筍を食べたり、竹は多くの人々の暮らしを支えてきた。暮らしから竹が消え、石油由来のプラスチック製品に置き換わっていくにつ

パサーパプリンガン　筆者撮影

パサーパプリンガンがない時の竹林　筆者撮影

グッドデザイン金賞表彰式の様子　©magno Japan

れ、竹林は必要とされなくなり、ごみ捨て場になってしまった。しかしパサーパプリンガンというコトのデザインによって村の人たちは、竹林の価値を再発見し、再び暮らしを支える存在になってきている。

そしてシンギーの竹自転車とそれを活用したスペダギムーブメントの一連の取り組みは、2018年に公益財団法人日本デザイン振興会のグッドデザイン金賞を獲得するという快挙を成し遂げた。そしてスペダギの活動は、国際的にも広がっていくことになる。

スペダギジャパンの始動

インドネシアと同様に日本でもかつては、身近にある竹や草木などの再生可能な自然資源を、暮らしの中で利用する文化とそれを支える生業が各地にあった。現在では石油由来の合成樹脂を使った製品が大量に溢れ、海外から安価な木材が大量に輸入されている。その結果、暮らしの中で身近な自然資源を利用する暮らしや文化やそれを支える生業は衰退し、合成樹脂製品の大量生産、大量消費、大量廃棄や人工林の高齢化によって、地球温暖化や土砂災害など、自然環境問題を起こしている。また都市部に人口が集中する一方で、地方の人口が減少し続けており、人口分布の不均衡が生じている。特に若年層は教育や雇用機会を求め都市部に集中し、地方の高齢化によってイノベーションが起きず、衰退が加速している。こうしてみると、日本もインドネシアと共通した社会問題に直面していると言える。

スペダギジャパンの活動は、インドネシアのスペダギの取り組みに刺激を受け「地域ごとに特徴的な資源をデザインによって生かすことで社会課題を解決し、持続可能な社会の実現すること」を目的として始まった。日本でもシンギーのスペダギの活動やその理念に共感した人々が集まり、一般社団法人Spedagi Japanが、2016年に第2回ＩＣＶＲが山口県山口市で開催されたのを期に設立された。現在スペダギジャパンは、山口県山口市阿東と東京八王子市を拠点に活動を行なっている。以下ではその二つのプロジェクトについて触れていく。

スペダギ阿東プロジェクト

■阿東の課題

スペダギ阿東プロジェクトは、明日香健輔氏と株式会社オープンハウスの益田文和[94]氏や藤田咲恵氏、湯澤慧氏（当時地域おこし協力隊）が中心になり、山口県山口市阿東で始まった。阿東は中山間地域にあり、人口は令和3年現在、5184人でそのうち65歳以上の高齢者は3007人、高齢化率は58％と全国平均の29.1％（2021年現在）を大きく越えており、山口市の中で一番高い地域となっている[95]。地域の少子高齢化は、耕作放棄地の増加や廃校の増加、放置竹林や竹害の増加によって、地域経済の萎縮やそれによって起こる地域

阿東での竹林整備の様子　©Spedagi Japan

の衰退及び過疎化を更に加速させるという負の循環に陥ってしまっている。そして阿東が直面している課題は、阿東だけで起こっているのでなく、日本全国の中山間地域で起こっている課題でもある。既にある阿東の魅力を単に発信するだけでなく、新たな阿東の魅力をデザインし、U・Iターンする人々、関係人口を増やすことが求められる。

■阿東の竹を使った自転車開発

阿東が直面している地域課題を解決し、新しい持続可能な農村社会の実現に向け、阿東の孟宗竹を有効利用し、阿東の竹を使った自転車開発が2016年

カンダンガン村で阿東の竹を使って自転車フレームを製作　©Spedagi Japan

インドネシアの竹レームチューブ（左）と阿東の竹フレームチューブ（右）筆者撮影

阿東の竹でつくった自転車　筆者撮影

よりスタートした。阿東の竹自転車を開発するため、自転車の開発を担当した株式会社オープンハウスの社員（当時）の藤木氏をシンギーのもとに派遣することが決定された。そして藤木氏は阿東で伐採し、乾燥し、油抜きした孟宗竹を持参しインドネシアへ飛び立った。

約1ヶ月間、シンギーのところに寝泊まりをしながら、阿東の竹で自転車フレームを組み立てるだけでなく、つくり方も習得して帰国するのが与えられた使命であった。インドネシアのジャイアントバンブーでできたフレームチューブは、2層構造であるが、阿東の孟宗竹でできた竹フレームチューブは、肉が薄いため3層構造になっている。滞在期間中に何とか阿東の孟宗竹で組み立てることができ、つくり方を習得した藤木氏は帰国した。

そして完成した竹フレームに、シンギーの竹自転車と同じ部品を装着させて阿東の竹自転車の試作機は完成した。試作完成後、日本車両検査協会で強度試験を行った。ペダル軸に850Nの加重を左右交互に10万回加える疲労試験で阿東の竹自転車は、2万5000回目でフレームがラグから外れてしまい不合格となってしまった。ちなみにシンギーの竹自転車を調べたら、15万回目まで問題がなかった。また振動耐久性試験や落下衝撃試験にも合格している。インドネシアのジャイアントバンブーは、長さと強靭さを生かし、大きな構造物（例えばホテルや小学校）や橋をつくってきた。しかし日本の竹は、しなりや弾力性を生かし、釣り竿や竹刀、弓などをつくってきた。シンギーの竹自転車のつくり方をそのまま日本の孟宗竹で行うことは難しく、日本の竹の特性にあった構造や断面形状を研究することが必要である[96]。

シンギーが集成材を使って、竹自転車をつくるのは「新しい工芸」の考えにもとづいており、作業を分業化し、マニュアル化することで、カンダンガン村の若者を雇用し、村人による手づくりの竹自転車産業を生み出すためであった。しかし阿東の場合は、阿東の竹自転車をつくることで、竹の有効利用を図ったり、外部から遊びに来てもらったり、移住につなげたりし、そして過疎化や少子高齢化など地域課題を解決し、新しい持続可能な農村社会の実現を目指している。スペダギ阿東プロジェクトは、シンギーが始めたスペダギから派生しているが、竹自転車をシンギーと同じ方法で製作する合理的な理由はないように見える。従って孟宗竹でできた集成材に課題があり、新たに研究する必要があるなら、真竹を丸竹のまま使うことも考えられるのではないだろうか[97]。新らたな研究は資金や時間がかかる。世界の多くの竹自転車は丸竹を使用していることを踏まえれば、丸竹を使用することで資金や時間の短縮が可能になるのではないだろうか。そして何よりも重要なのは、完成度の高い竹自転車を目指すことは、竹自転車づくりやその参加へのハードルを自ら高くしてしまう。そしてそれはスペダギプロジェクトの普及を困難にしてしまっている。

スペダギ阿東プロジェクト代表の明日香氏によれば、竹自転車をつくりに阿東まで来てもらい、自分で自分が乗る自転車をつくって欲しいという考えから、竹自転車開発が終わっても販売はしないという。阿東の竹自転車を使ったコトづくりを展開する予定である。この点に関してプロジェクトメンバーの益田氏は、竹自転車づくりのワークショップを構想しており、放置竹林整備も含め素材づくりから体験し、竹林整備→伐採→油抜き→乾燥→製作という長期間で竹自転車をつくることを構想している。第一部で見てきたように、多くの竹自転車づくりのワークショップが週末で完結する「モノづくり」に焦点を当てたプログラムを実施している。モノづくりの前にある「素材づくり」から体験することは、単に竹自転車をつくって終わりではなく、竹林整備など、自然の世話をする体験を通して、中長期的に時間をじっくりかけて阿東の自然や人々との関係醸成につながる。言い換えれば非常にスローな

阿東を巡る竹自転車ツアー　©Spedagi Japan

（ゆっくりとした）モノづくりである。そしてそれは結果的に関係人口を増やしていくことも期待できるため興味深い。

またスペダギ阿東プロジェクトでは、竹自転車を開発だけでなく、竹自転車を活用したサイクリングツアー（不定期）も行っている。エコツアーで参加者は、農家を訪れて季節の野菜・果物の収穫体験をしたり、ＳＬ山口号と並走して走ったり、美しい阿東の里山風景を楽しんだり、旧石州街道沿いの古い町並を走り抜けたりする。ツアーで使用する竹自転車は、インドネシアから持ってきた自転車を使用している。この取り組みは、山口ゆめ回廊博覧会[98]のプログラムにも採用された。

▩廃校の活用

少子高齢化によって、学校の統廃合が山口市内でも進んでおり、地域の持続可能性に資する形で、取り残された施設を活用することが求められている。そんな中、阿東にある阿東文庫（旧亀山小学校）では、図工室を借り、スペダギ阿東プロジェクトのデザイン工房がつくられた。阿東文庫は吉見正孝氏が立ち上げた私設図書館であるが、サイクリングツアーの拠点にもなっている場所である。吉見氏は、阿東文庫を自由な図書館と述べているように、何かやりたい人たちがやってきて、自由にやれる場所と考えている。阿東にこのような考えの持ち主がいたからこそ、スペダギ阿東もデザイン工房を開くことができたのである。この工房では、阿東の竹自転車の開発やサイクリングツアーで使用する竹自転車の整備が行われている。スペダギ阿東プロジェクトの拠点ができたおかげで、海外や山口県内からもマスコミや行政、研究者、自転車のビルダー、学生、デザイナーなど、様々な人がスペダギ阿東プロジェクトを視察しにくるようになった。スペダギ阿東プロジェクトでは、他の廃校利用の一環として、2019年に旧吉部小学校（宇部市）を活用してできた職員室カフェが行うイベントに参加したり、2021年に旧小野田中学校（宇部市）を活用してできた竹ラボに参加（竹自転車の展示）したり、日

阿東文庫（旧亀山小学校） ©Spedagi Japan

本やインドネシアの竹の魅力について積極的に発信し続けている。このようなスペダギ阿東プロジェクトの一連の取り組みは、ＮＨＫやＫＲＹ山口放送、ラジオ、朝日新聞、中国新聞など、様々なマスメディアに掲載された。

■交流イベントへの参加

スペダギ阿東プロジェクトでは、県内を中心に開催される交流イベントに参加し、竹自転車に親しんでもらう試乗ワークショップを行っている。ワークショップでは、湯澤氏がつくった竹一輪車や竹馬など、自転車以外の竹の乗物に乗ることもできる。竹自転車を初めて目にする人々が多く、試乗の反

交流イベントの様子　©Spedagi Japan

応も大変良い。

また筆者もスペダギ阿東プロジェクトの代表として2022年3月に外務省が主催した「地方×世界・未来につなげる」という交流イベントに参加し、林外務大臣や外交団に竹自転車をプレゼンテーションし大変好評をいただいた。外交団との交流で驚いたことは、多くの人々が自国で竹自転車をつくっていることを知らないことである。どこにでもある竹を使って自転車をつくり、それを活用した地域おこし・村おこしなど、持続可能な地域開発について話すと、大変驚かれる。単に国内外の人々との交流だけでなく、情報発信も大切であることを改めて認識した。

スペダギ東京プロジェクト

■八王子の課題

スペダギ東京プロジェクトは、桑沢デザイン研究所の本田圭吾氏と筆者が中心となり、東京造形大学（以下造形大）を拠点に始まった。造形大がある八王子市は東京都心部の郊外にある。八王子を含む多摩地域は、林業や農業、織物など、古くからモノづくりが活発に行われてきた。かつては多摩地域のモノづくりは、江戸の後背地として木材などの建築資材、薪炭などのエネルギー資源、野菜などの食糧を供給し、江戸の暮らしを支えてきた。また第二次世界大戦中には、軍需用資材を供給してきた。しかし1960年代から高度経済成長が始まり、都心部への急激な人口集中や大量消費社会が到来すると、世界中から木材や食糧をかき集めるようになり、多摩地域の資源供給の役割は徐々に薄くなっていった。そして戦後、都心部の人口増加に伴い、多摩地域で郊外化・スプロール化が促進されると、大規模ニュータウンや郊外住宅地が形成され、自然環境は、大規模不動産開発によって市街地や人工的な都市施設など、人工的環境に転換され、破壊されていった。この多摩ニュータウン開発を題材にしたスタジオ・ジブリの作品「平成狸合戦ぽんぽこ[99]」も製作された。また大規模不動産開発によってこの地域にあった里山の暮らしや文化、風景も同時に消失していったが、ＮＰＯや自治体の働きかけによって、一部里山は保全地域として残され、現在でも人々の憩いの場として親しまれている。また交通の便が悪いためそもそも大規模不動産開発から免れた里山もある。

多摩地域（あきる野市や八王子、青梅市、奥多摩町、日の出町、檜原村など）では、現在でも林業が行われおり、東京の森で育てられた木材を多摩産材としてブランド化を図る取り組みが行われている。東京都農林水産振興財団は「とうきょう林業サポート隊[100]」という取り組みを実施しており、多摩地域の森林で森林作業に携わり、森づくりをサポートするボランティアを募り、誰でも参加することができる。林業の人手不足を、休日にレジャー目的で都心部からやってくるボランティアで補っている。

また多摩地域の農業は、都市農業として盛んに行われ、ホウレンソウやコマツナなどの野菜栽培、ナシやブドウなどの果樹栽培、酪農など、50品目以上におよぶ多様な農作物が生産されている。農地の周囲に住宅が多く、生産者の近くに消費者が存在し、新鮮な農作物の地産地消だけでなく、生消交流や農業体験の場、良好な景観の形成、防災空間の確保など、地域の人たちにも親しまれている。

近年八王子は、通勤の利便性の高さや自然との近接性、子育てのしやすさなどが人気となっており、局所的に人口が増加している地域もある。しかし八王子市内でも少子高齢化が進んでおり、局地的に高齢化率が平均29.1％（2021年現在）よりも高い場所も多数ある[101]。人口と建物の高齢化にともない、不均衡な住民分布、空き家・部屋の増加、孤立高齢者の増加、買い物難民の増加、放置人工林や竹林の増加、地域の高齢化が社会課題となっている。従って阿東と同様、八王子も既にある魅力を単に発信するだけでなく、新たな八王子の魅力をデザインし、八王子を訪れる人や八王子にＵ・Ｉターンする人々、関係人口を増やすことが求められる。

■スペダギ東京の自転車づくり

このような社会課題を背景に、スペダギ東京プロジェクトの自転車づくりが始まった。このプロジェクトが持っている課題意識というのは、八王子を含む、多摩地域にある地域資源を生かして、「モノ」や「コト」をデザインし、地域のサステナビリティを高めていく事である。生かされていない地域資源をデザインで活用し、新しい価値を生み出すことでイノベーションを生み、社会課題の解決を目指している。「モノ」のデザインという部分では、メイ

幼児用キックバイク　筆者撮影

ドイン八王子を目指し、本田氏がデザインした幼児用キックバイクを、多摩地域の再生可能な資源からつくるという事から始まった。本田氏のデザインは、トップチューブもＳフレームも竹の集成材を使い、Ｓフレームに関しては、積層した薄い集成材を曲げて使うことを想定していた。ちなみにリアパーツやシートポストパーツは3Dプリンターで造形している。

調査をしてみると、多摩地域に竹林（放置竹林）は豊富にある。かつて竹（特に篠竹）は農家が農作業に使用したり、農閑期にメカイをつくり副収入にしたり、日用品をつくったりするなど、家内工業的・自家用に活用に限られていた。ニュータウン開発が始まって、農家が減り、農具や日用品はホームセンターで購入するようになると、竹の活用は地域から消え、放置竹林が増加する事態になっている。そして多摩地域には、もともと竹産業が存在しないため、八王子の竹を使って集成材をつくることは難しいことがわかった。

一方、東京都の面積の約40％は森林となっており、ほとんどが八王子を含む多摩地域にある。トップチューブの部分は、多摩の地域材である多摩産材を使う事はできる事がわかったため採用することになった[102]。これにより木

東京造形大学内竹林（左）と東京の林業（青梅市）（右）　筆者撮影

を育てる、伐る、加工する、使う、そして再び、植えて育てるという森林の循環利用を促進することにつながる。東京の森に限らず、日本中の森には、成長しきっており、出荷を待っている材が、大量にあるが、安い輸入材に押されて、森から木を切り出せなく、放置状態になっている荒れた人工林が多くある。その結果、生態系の劣化、山崩れ、水産資源への影響など、自然環境問題を引き起こしている。デザインによって東京の森の循環利用を促進することは、負の循環を断ち切ることにつながる。

スペダギジャパンと連携した東京造形大学プロジェクト科目授業

2016年からスペダギジャパンと連携し、桑沢デザイン研究所の本田圭吾氏と筆者が中心となり、「スペダギ・バンブーバイクプロジェクト[103]」というプロジェクト授業が造形大で始まった。この授業は、一般社団法人Spedagi Japanと連携して実施しており、スペダギ東京プロジェクトは、造形大の授業の中で学生を巻き込んで活動するようになったのである。この授業は、どの専攻の学生も履修できる学部共通科目になっており、参加する学生のバックグランドは様々である。

授業では、幼児用キックバイクをハブに八王子の地域資源を活用して、子ども向けのワークショップのデザイン提案及び運営など、「コト」のデザインを中心に行なってきた。具体的には、多摩地域や都心部の子どもたちや保護者に多摩地域の魅力を知ってもらうようなワークショップを行なってきた。そのためシンギーが自転車に乗って村の課題発見をしていたように、この授業ではトラベリングワークショップと称して、学生たちと多摩地域の魅力探しに出かけることを行っている。造形大学での一連の取り組みは、第6回グッドライフアワード（環境アート&デザイン賞）や第13回キッズデザイン賞を受賞した。以下では、スペダギ東京プロジェクトの様々な取組みを紹介する。

■里山体験ワークショップ

多摩地域の魅力は東京でありながら、豊かな自然や里山の風景が残っている点である。また自然や風景だけでなく、郷土料理やそれを支える食材づくりも残っている。都心部にいると近接すぎるということもあり、多摩地域に出かける機会は多くないように感じる。例えばミシュランガイドの三つ星を獲得している高尾山の登山者数は年間300万人で世界一であるが、多くの訪問者は、高尾山のみ訪問し、途中の八王子や立川に立ち寄ったり、あきる野まで足を伸ばしたりすることは多くはない。

従って局地的に多くの人々が訪れるが、地域全体に波及しているわけではなく、多摩地域全体を見れば、中長期的には少子高齢化や地域経済の衰退など、様々な課題に直面している。また多くの地元の人々、特に新しく移住してきた人々の多くが、自分たちの地元についてあまり知識がなく、その魅力に気づいていないという点である。

このような課題発見のもと、2017年3月に秋川渓谷（あきる野市）で東京裏山ベースと秋川協同木工組合の協力のもと、幼児用キックバイクを使った里山体験ワークショップを実験的に実施した。実験的というのは、企画側も初めての経験で、手探りの中で企画運営を行なったためである。秋川渓谷は、新宿から電車で60分という距離にあって、里山の雰囲気が残る自然豊かな場所である。また近年では、檜原村や奥多摩町に向うサイクリングの拠点にもなっており週末や休日にサイクリストが自転車に乗っている光景を目にする。

ワークショップは、ごえん分校という五日市町内外のコミュニティ醸成の

秋川渓谷での里山体験ワークショップ　筆者撮影

場所づくりを目的に活動している場所をメイン会場として行われた。参加者は、23区内に住む親子である。ごえん分校の会場で参加者に幼児用キックバイクを組み立ててもらい、そして組み立て後は、そのキックバイクに乗って、緑豊かな清流、秋川まで走り抜け、川沿いで郷土料理のだんべぇ汁を味わってもらった。だんべぇ汁に使われる秋川牛を始め、醤油、のらぼう菜[104]、地酒、こんにゃく、大根、人参など、地元産のものを使った。だんべぇ汁のレシピもあきる野市観光協会青年部のご厚意によりいただいた。だんべぇ汁は、「第２回大多摩げた食の祭典・大多摩Ｂ級グルメ」でグランプリを獲得したご当地グルメである。自然の中で食べるだんべぇ汁は、大変美味しく、参加者に大変喜ばれた。このワークショップの目的は、自分で組み立てたキックバイクに乗って、秋川の里山や河原を走って遊んだり、郷土料理を楽しんだりし、五感で秋川の魅力を堪能してもらい、秋川の再訪につなげていくことであった。そしてこのワークショップは、幼児用キックバイクをツールに都心部と農村部をつなぎ、ヒト・カネ・情報・アイデア・モノを循環させる都市農村交流の方法を探る実験であった。

このワークショップでの発見は、幼児用キックバイクのみで都心部から人を農村部に誘い出すことは難しい点である。従って大人のサイクリストだけでなく、子どもも一緒に秋川にやってきて、子どものアクティビティの一つとして発信していくことで、親子で秋川を訪問してくれることにもつながる。また子どもも楽しめるサイクリングの土地として多世代を惹きつけることができれば、これをきっかけとして、秋川との多様な関係が生まれ、ヒト・カネ・情報・アイデア・モノの循環につなげていくことができるのではないだろうか。

また長池公園（八王子市）でも2019年3月にＮＰＯフュージョン長池の協力のもと、幼児用キックバイクを使った里山体験ワークショップを実施した。ＮＰＯフュージョン長池は、長池公園を管理している八王子市指定管理者である。長池公園は、多摩ニュータウンの中にあり、集合住宅に囲まれな

長池公園での里山体験ワークショップ　筆者撮影

がら、未だに多摩の里山の風景を残し、既存の雑木林の自然環境をそのまま公園にしており、環境省が選定する重要里地里山に選ばれている。雑木林、湿地、農業用水由来のため池などを含むモザイク状の土地利用形態が形成・維持されており、モズやエナガ、カタクリなど里地里山に特徴的な種を含む約1000種の動植物が確認されている[105]。

ワークショップの参加者は、東京在住の親子である。ワークショップでは、ＮＰＯフュージョン長池のスタッフで自然観察のスペシャリストである小林健人氏にインタープリター（解説者）の協力をお願いした。小林氏がキックバイクに乗った子どもたちとその親と一緒に園内を探検しながら、子どもたちが発見してくる不思議な生き物や植物について説明してくれたり、スペシャリストだからこそ見える不思議なモノを参加者に見せてくれたり、探検しながら園内を巡った。

このワークショップの目的は、八王子の里山の中にある多様性や不思議さを感じることを通してセンス・オブ・ワンダーを育み、自然環境の保全や環境意識の醸成につなげていくことであった。そして八王子に魅力や愛着、親しみを改めて感じてもらうことである。子どもたちは、首から下げた竹の小物入れに探検の中で拾った自然素材を集め、万華鏡をつくった。自然素材でつくる万華鏡は、使う素材によって表情が変わり、どれも美しい模様ができるため非常に新鮮な体験であった。子どもたちが、夢中で万華鏡をくるくる回す姿が印象的だった。このワークショップは、幼児用キックバイクを岸のいう身近な自然の「生物の賑わい（生物多様性）[106]」を学ぶ自然環境学習を促すツールとして使うアイデアの実験であった。

このワークショップでの発見は、人と自然を仲介するインタープリターとの協力体制が重要だという点である。インタープリターがいないと、自然への解像度が上がらず、身近にある生物多様性を見過ごしてしまい、発見した不思議を学習に結びつけることが難しいのである。最近では無料で利用可能な写真検索が可能な植物図鑑アプリや昆虫図鑑アプリが登場しており、親子で完結しようと思えばできるが、見過ごしてしまう自然に関しては取り逃してしまい、学習の広がりに欠けてしまう。また先生や他の仲間がいることで、探検も楽しくなり、学習意欲も沸くのである。またもう一つの発見は、このワークショップは、どこでも実施可能で都市部の公園でも可能であるということである。遠い里山ではなくても、近所の公園でもセンス・オブ・ワンダーを育み、自然環境の保全や環境意識の醸成につなげ、そして地元の自然の魅力や愛着、親しみを改めて感じてもらうこともきるのではないだろうか。

■東京ミッドタウン・デザインハブ・キッズウィーク

東京ミッドタウン・デザインハブ・キッズワークショップ　筆者撮影

2018年より毎年夏に開催される東京ミッドタウン・デザインハブ・キッズウィークに毎年参加している。このイベントは、夏休みの子どもに向け、様々な団体や組織がワークショップを企画し、実施し、公益財団法人デザイン振興会が前面支援している。

毎回ワークショップでは、都心に住む親子に八王子の自然素材や伝統工芸素材に触れてもらい、八王子の魅力を発信することを目的に企画を練っている。例えば、八王子の竹で使った竹紙を使った団扇づくりや紙版画、帽子づくりや造形大学の竹林で伐採した竹を使った竹ぽっくり、竹迷路づくり、竹サンダルづくり、竹鉄砲づくりを行った。会場では幼児用キックバイクにも試乗ができ、多摩産材と竹でできた障害物もあり、子どもたちに大変人気がある。

2020年には新型コロナ感染症拡大の時期に重なったため、八王子伝統工芸の型染の工房から出る着物の端切れを藤本染工芸[107]（八王子市元横山町）の藤本義和氏からいただき、それを使ったマスクづくりを行った。ワークショップ会場の床が竹の集成材でできているため、竹から硬い床材や柔らかい紙ができるというギャップに驚かれる参加者が多い。また八王子が織物の街ということを初めて知ったという参加者も多く、自然や伝統工芸素材を通じて竹や八王子を知ってもらう貴重な機会となっている。

■みどりのあそび市

みどりのあそび市は、ＮＰＯフュージョン長池が長池公園芝生広場で毎年春と秋に開催し、造形大が2018年から参加している親子向けのイベントである。八王子にある様々な市民グループが親子に向けに昔遊びなど、様々な遊びを提供しており、参加者は自由に遊びまわることができる。また八王子野菜を売る売店やキッチンカーもやってくるので毎回多くの人で賑わう。参加者は近隣に住む親子が中心である。

造形大では、造形大学の竹を使った竹ぽっくり、竹鉄砲づくり、竹迷路づ

みどりのあそび市　筆者撮影

くり、竹剣玉づくり、万華鏡づくり、団扇づくり、竹の積み木、竹紙版画、竹紙転写など、学生の専門性を生かした企画を行なってきた。竹の伐採から加工に至るまでワークショップの準備は学生が行う。会場では幼児用キックバイクにも試乗ができるため、生まれて初めてキックバイクに乗るという子どもや、多摩の自然素材でできたキックバイクに触れるのは初めてという参加者も多い。また毎回参加してくれる親子の参加者もいる。意外なのは、地元の人たちは自然豊かな場所に住んでいながら、あまり地元の自然について知らないことである。竹に初めて触れたという人や散歩でよく来るけど、どんな生き物や植物があるか知らないという人も多い。長池公園にある生き物の賑わい（生物多様性）に気がついていないのである。自然豊かな地域に住んでいても接する機会がなければ、自然に対する理解は深まらない。ワークショップを通じて地元の人が、地元の自然の魅力や愛着、親しみを感じ、この場所に記憶が刻まれるようになれば、自らの環境を主体的に捉えるようになり、責任意識が育まれ、地元の里山の保全につながるのではないだろうか。

■メカイづくり

メカイは、篠竹を六つ目編みにした目の粗い笊や籠のことでかつては南多

メカイづくり　筆者撮影

摩地域の特産であったという[108]。篠竹は造形大周辺にも大量に自生している。かつては八王子の農家は篠竹を農業に活用し、農閑期にはメカイをつくることで副収入を得ると同時に里山の保全に貢献してきた。また興味深いことにこのメカイづくりは、もともと造形大がある宇津貫町周辺で始まったと言われている。メカイの材料であるヒゴはホームセンターやインターネットでは売っていないため、メカイをつくるには、まずヒゴをつくる技術習得が重要であるが、ナタなど刃物を使うため、訓練が必要である。

授業では、入口としてまず地域の方からメカイの編み方を教えてもらい、体験してもらうことをしている。確かに編むことに先立ち、ヒゴづくりの技術習得が重要なのだが、いきなりハードルを高くすると、難しくなり誰も興味を示さなくなる。学生の中に、自分たちが通っている八王子に、メカイづくりが行われていたことを知るものは誰もいない。かつては農業や里山保全と連動したメカイづくりが行われていたが、技術者や農家の高齢化に伴い、継承が難しくなっている。造形大の若い学生の中から地元の素材を使った地元の伝統であるメカイづくりに興味を示し、メカイを新しいデザインやアート表現に結びつけたいと思ってくれれば、ヒゴづくりの技術を学び、メカイを研究するデザイナーやアーティストが出てくるかもしれない。そのためには一度手を動かしてメカイを編んで何かをつくってみる体験が何よりも大切だと感じる。

■東京造形大学の竹林整備と竹紙づくり

授業では、八王子住まいづくり市民塾[109]の渡辺氏の協力のもと、枯死している古竹を伐採したり、増えすぎた竹を間伐したり、1年生の竹にマーキングしたり、竹チップをつくったり、竹炭をつくったりするなど、造形大の竹林で整備を行なっている。竹林整備の一環として春に出た若竹を伐採し、竹紙の材料づくりを行なっている。伐採した若竹を割くにして、樽に入れ、そして水を入れてから蓋をして約1年経つと繊維だけが残る。その竹繊維を使って紙をつくるのである。和紙や竹紙は昔から建築や衣料、日用品、版画、記録媒体などに使われてきた。

この授業では、単に竹紙をインターネットやホームセンターから購入し、それを素材としてデザインや表現を考えるのではなく、素材そのものをつくることから始めている。かつてのモノづくりは、素材づくりと密接なエコシステムを形成していた。使われる素材は地元でつくられ、その素材を生かしたモノづくりが地域の中で育まれていた。その結果、つくられるモノの量や内容も地域の環境収容力や技術力など、地域の生産基盤（それは生存基盤でもある）の中で行われており、持続可能なモノづくりが成立していた。しかしこれがあると便利になるとか、困り事を解決してくれるとか、市場調査で抽出される消費者のニーズやウォンツを踏まえてコンセプトやデザインが発想されるようになると、それを実現するための素材を世界中から探さなければならなくなり、モノづくりの場と素材づくりの場は乖離してしまう。そしてつくられるモノの量や内容も地域の生産基盤とは関係なくつくられるようになり、大量生産・消費・廃棄を生むことになった。従って素材づくりから始めることは、単に素材の特性を学ぶだけでなく、地域の生産基盤を学ぶことであり、地域が持っている生産基盤を踏まえデザインを発想し、生産していくことが、何よりもサステナブルデザインにおいて大切なのである。

また竹紙の材料となる若竹は春しか採取できない。そして伐採した竹はすぐに使用できない。採取した若竹は水に浸し、長時間放置することでバクテリアが竹を分解し、繊維状になり、紙漉きができる素材になる。繊維になるまで1～２年近くの時間を要する。自然の時間経過とともに、機が熟すのを待たなければならないのである。言い換えれば、自然の都合に合わせて製作しなければならないのである。このように自然のリズムに合わせたスローなモノづくりは、地域の場所性や時間性（季節性）、環境収容能力を無視しながら行われてきた近代的なモノづくりとは一線を画すものであり、サステナブルデザインにおいて、素材づくりからモノづくりを考えることが大切だと

キャンパス内の竹を使った竹紙づくり　筆者撮影

考える。自然物がモノづくりの素材として熟していく間、その素材を生かして「何をつくるか？」を考えることは、自身の野生の思考や発想が熟していくことにつながる。思い付いたことを後先考えずに直ぐ具現化し、結果多くの廃棄物を生んできたデザインをより持続可能な営みにするには、必要なプロセスではないだろうか。従ってエツィオ・マンズィーニのＳＬＯＣのＳに小さいという意味のSmallに加えて、ゆっくりしたという意味の「Slow」も追加して考えるのはどうだろうか。この竹紙づくりの取り組みは、2022年度から特定非営利活動法人結の会の中川恭氏に参加してもらい「八王子和紙プロジェクト」という新しい授業に発展している。

■東京造形大学×八王子市バンブーランバイク・アートプロジェクト

東京造形大学×八王子市バンブーランバイク・アートプロジェクト（以下バンブーランバイク・アートプロジェクト）は、幼児用キックバイク（ランバイク）を使って八王子市内で東京2020大会の機運醸成ができないか、という話を2019年に八王子市市民活動推進部学園都市文化課からいただいたことから始まった。

1964年に開催された東京オリンピックでは、トラックレースやロードレースの自転車競技は、八王子市で開催されたという歴史がある。当時は、現在の陵南公園（長房町）に1周400m、収容人員は約4100名の八王子自転車競技場がつくられ、スプリントや1000メートルやタイムトライアル、4000メートル個人追い抜き、4000メートル団体追い抜き、タンデムスプリントが開催された。八王子自転車競技場にはオリンピック選手村の分村も置かれ、選手や関係者のための384名分の宿泊場所や120名が一度に食事が取れる大きなレストラン、郵便局、電話局、憩いの場、医務室、理容室などもプレハブでつくられた。ロードレースでは、1周25キロメートルの特設コースが八王子市街地を中心につくられ、八王子自転車競技場から甲州街道へと通じる道路には鉄パイプなどを組んで、3000人を収容できる仮設スタンドがつくられた。このコースでは、自転車レースの最高峰ツール・ド・フランスを5回制覇したエディ・メルクス（ベルギー）やフェリーチェ・ジモンディ（イタリア）ら多くの選手が、八王子を駆け抜けていった。

そして56年後の東京2020大会で実施される自転車競技（ロードレース）では、自転車は調布市の武蔵野の森公園をスタートし、ゴールの富士スピードウェイを目指すが、途中八王子市内の多摩ニュータウン通りの松が谷トンネルから小山内裏トンネルまで約5.1キロメートルを駆け抜けるということで、八王子で再び自転車が脚光を浴びることになった。

バンブーランバイク・アートプロジェクトでは、八王子の地域資源を活用して40台のメイド・イン・八王子の幼児用キックバイクをつくって展示することになった[110]。幼児用キックバイクを中核に八王子の地域資源をつなぎ、多様な八王子のローカルデザインとして展開する試みである。そして多様な

バンブーランバイク・アートプロジェクト展の様子　© 東京造形大学・Spedagi Japan

バンブーランバイク・アートプロジェクト展作品一部　© 東京造形大学・Spedagi Japan

八王子の魅力を吹き込んだ幼児用キックバイクを、子どもたちに見てもらい、そしてキックバイクや自転車を好きになってもらい、八王子を走り回る子どもたちから未来のアスリートが生まれ、また八王子をもっと好きになり、八王子の未来を担う子どもたちが出てくることを願って、このプロジェクト展の開催が決まった。このプロジェクト展は東京造形大学と八王子市の共催で開催された。

八王子の地域資源は、竹や多摩産材などの自然資源、藍染や多摩織、八王子織、型染め、メカイづくりといった文化資源、企業や市民、子ども、ＮＰＯ、関係人口が持っているアイデアや創造性、技術といった社会資源がある。そして授業の中で様々な人々に出会っていたので、これらの資源への働きかけは、難しくはなかった[111]。

しかし2020年の2月から新型コロナ感染症の拡大によって緊急事態宣言が発出され、製作も全て停止してしまった。日本政府は、5月29日に東京2020大会の1年間の延期を決定した。新型コロナ感染症拡大は一向に収まらず、東京2020大会も実施するのか、しないのか、わからない中、製作現場は大変混乱した。製作にあたった学生が既に卒業してしまったり、そもそも授業も原則遠隔という中で、学生がキャンパスから消えてしまったりしている状態である。工房が使用できないのでそもそも製作ができない状態や学生と対面で会って話すことが難しい状況が続いていたのである。そのような困難な状況の中でも、学生たちは、八王子の地域資源を活用したキックバイクの企画立案や工夫して自身の作品を製作してくれた。八王子の多様な地域資源を使って、キックバイクの多様な姿を見せることができたと思う。

展示会場は、八王子市役所の本庁舎を使用し、40台を一斉展示する計画であったが、2021年の1月に新型コロナワクチンの接種会場に使用することが決定され、代替の会場を急遽見つけなければならなくなった。本庁舎は無償で借りることとなっていたため、新しい会場に使える予算は確保していない状態であった。

2020年10月に八王子市中町に完成した、八王子宿まちなか休憩所の2階に「まちなかギャラリーホール」というスペースが使用できるということでそこを展示会場することになった。問題は面積が小さいので40台の一斉展示ができないことである。そこで仕方なく会期を3回に分け、展示作品を分散化することになった。一方分散展示のおかげで、展示していない作品を徳島県立近代美術館や八王子夢美術館で開催された「自転車のある情景」という展覧会に出品することができたのは不幸中の幸であった。また映像ディレクターの宮下洋一氏[112]に協力いただき、本プロジェクトのPR動画を制作いただいた。この映像はソーシャルメディアで約５万回再生され、コロナ禍で来場できない人たちにも見てもらうことができた[113]。

9月5日展示終了後、造形大学の12号館1階吹き抜けで40台の一斉展示を行った。また学内展示に合わせ、9号館のＣＳ－Ｌａｂで益田文和氏（元東京造形大学教授）やプロジェクトでお世話になった八王子市中野上町の野口染物店の野口和彦氏、スペダギジャパン代表理事の藤田氏、桑沢デザイン研究所の本田氏を招き「バンブーランバイクから考えるこれからのデザイン」というシンポジウムをオンライン開催[114]することができた。新型コロナ感染症に翻弄されたプロジェクトであったが、プロジェクトを通して様々な新たな出会いが生まれた。今後のスペダギ東京プロジェクトに生かせていけたらと思う。

第二部総括

第二部では、スペダギを中心に竹自転車の取り組みを概観してきた。スペダギは、インドネシアの中部ジャワ州テマングン県のカンダンガン村で始まった。そしてシンギーの理念に共感する人たちが集まり、一般社団法人Spedagi Japanを立ち上げ、日本の山口県山口市と東京都八王子市に広がっていった。スペダギの取り組みは、各地でローカライズしながら発展している。一連のスペダギの取り組みに共通しているのは、地域資源を活用したデザインによって、社会課題や自然環境問題の解決を目指すデザイン活動である。その要となるのが、農村や郊外へのUターン・Iターン者や関係人口を増加させることである。

国連によると、1950年には世界人口の30％に過ぎなかった都市部の人口は、2018年には55％になり、2050年には、68％に達すると予測している[115]。

人々は雇用や教育機会、安全安心、物質的な豊かさを求め農村から都市へ向かう。この世界には約1万の都市が存在していると言われており、40年前にはその半分は存在すらしてなかったという[116]。世界に存在する村の数に関する正確な統計はないが、都市の何十何百倍もの数が存在することだろう。1万の都市が、無数にある村から人を吸い寄せているメガトレンドを、スペダギの運動によって変えることは不可能なことに思える。

しかしここでこのトレンドを大きく変えるかもしれない出来事が起こっている。2022年2月24日から始まったロシアのウクライナ侵攻である。今回の軍事侵攻で多くの人は、いかに資源大国に依存した暮らしが危ういことを実感したと思う。資源大国のロシアに食料とエネルギー（天然ガスや石油）を依存してきた日本も含む西側諸国は、今回の軍事侵攻でロシアに強力な経済制裁を課し、自ら痛みを伴いながらもロシアからのエネルギー依存を脱却し、今後地域内でエネルギー自給率を向上させていくことを決断した。食料に関しても小麦の価格高騰は、他の農作物や食肉、あらゆる製品の高騰につながり、暮らしへの影響が出ている。今後は食料自給率を向上させることが急務となる。また再生可能エネルギーや自然資源の活用を基盤とした地域分散型で自立的な社会経済構築に向け、社会のリデザインが加速されていくことも予想される。私たちは、「他者へ依存」することを大前提にして、暮らしを成り立てせる社会経済の仕組みをつくり上げてきた。資源に乏しい国は、資源が豊富にある国が輸出してくれなければ立ち行かなくなる。このような仕組みは、もし相手が牙を剥いてくることがあったら機能しない。

今後は当然ながら自分たちの足元の地域へ目を向けていくだろう。自分たちが住んでいる地域やその周辺地域と協力し合い、100％ではなくても、ある程度自給的な暮らしができるよう、地域の資源を活用し、地域の環境収容力の中でのモノづくりが進むのではないだろうか。都市に向かう人々に向かって、村に振り向いてもらうことは並大抵のことではない。しかしロシアのウクライナ侵攻をきっかけに、地域や村にはまだ生かされていない資源があり、デザインによる活用によって豊かな暮らしの実現が可能であることに気付き、メガトレンドを変えるかもしれない。そしてそのデザインのヒントになる取り組みにスペダギが挙げられるのではないだろうか。

スペダギの取り組みにおいて重要なのは、他の取り組みと同様、目標17の「パートナーシップで目標を達成しよう」である。スペダギジャパンの活動もインドネシアと理念やアイデアを共有する中から生まれた。そして更に各地の竹や木でつくった自転車や幼児用キックバイクは、磁石のように様々なヒト・モノ・アイデア・情報・カネをつなげ、新たな地域資源の活用を促進し、新しい魅力を地域に生み出している。竹自転車や幼児用キックバイクを中核に、ヒト・モノ・アイデア・情報・カネがつながることで、新たなモノづくりのエコシステムが形成される。このモノづくりのエコシステムが地域の人々の本当の要求に応え、社会問題や環境問題の解決を目指して組織されるならば、生み出すモノやサービスは、ＳＤＧｓ達成に向け、地域にイノベーションを起こしていく可能性がある。表2に各地のスペダギの取り組みとＳＤＧｓとの関連をまとめた。

世界で見られる竹自転車の取り組みの多くは、丸竹を使用した簡易的な自転車設計を採用している。丸竹の自転車製作は特別な加工機械や設備、機材を必要としないため、地域分散型の竹自転車づくりを可能にしていた。そしてつくり方を参加者に教え、自らが組み立てるというビジネスモデルをつくっていた。このハードルの低さが、竹自転車を誰でも取り組めたり、誰もが生産消費者として参加できたりする活動にしている。一方、日本の取り組みに関しては、竹自転車や幼児用キックバイクのデザインは美しく、完成度も非常に高い。そのため地域の生産基盤を逸脱することにつながり、竹自転車製作や参加のハードルを自ら上げてしまい、地域分散型の竹自転車づくりを難しくしているように感じる。

表2：各地のスペダギの取り組みと関連するＳＤＧｓ

場　所	プロジェクト名	関連するＳＤＧｓ
中部ジャワ州テマングン県カンダンガン村	スペダギ	目標1「貧困をなくそう」、目標3「すべての人に健康と福祉を」、目標4「質の高い教育をみんなに」、目標5「ジェンダー平等を実現しよう」、目標8「働きがいも経済成長も」、目標9「産業と技術革新の基盤をつくろう」、目標10「人や国の不平等をなくそう」、目標11「住み続けられるまちづくりを」、目標12「つくる責任、つかう責任」、目標15「陸の豊かさを守ろう」、目標17「パートナーシップで目標を達成しよう」
山口県山口市	スペダギ阿東プロジェクト	目標4「質の高い教育をみんなに」、目標3「すべての人に健康と福祉を」、目標9「産業と技術革新の基盤をつくろう」、目標11「住み続けられるまちづくりを」、目標12「つくる責任、つかう責任」、目標15「陸の豊かさを守ろう」、目標17「パートナーシップで目標を達成しよう」
東京八王子市	スペダギ東京プロジェクト	目標4「質の高い教育をみんなに」、目標9「産業と技術革新の基盤をつくろう」、目標11「住み続けられるまちづくりを」、目標12「つくる責任、つかう責任」、目標15「陸の豊かさを守ろう」、目標17「パートナーシップで目標を達成しよう」

結論

竹自転車づくりから学ぶサステナブルデザイン

結論

■疎らな世界でのモノづくりの限界

従来のデザインは、経済学者のハーマン・デイリーのいう「疎らな世界[117]」の中で自由に行われる活動であった。デザイナーはその中でプロフェッショナルな「生産者」として振る舞い、この世界を形づくる主要な役割を果たしてきた。そして生産者は、地球には有り余るほどの資源があり、限界はないという「カウボーイ倫理」に基づいて活動してきた[118]。しかしデザイナーが自由に発想し、つくりたいモノの多くを実現するには、地域には無い素材や技術、人材を使用しなければならなかった。その結果、世界中から資源を探し出し、自然へ働きかけ、資源を大量採取し、長距離輸送し、特許で囲い込まれた技術を駆使して製造し、商品の大量生産・大量消費を促進してきた。商品は、自由市場のネットワークによって世界のどこでも売ることができ、企業の富は増大する一方で廃棄物はグローバルサウスや海洋、地球の大気に大量廃棄されてきた。またグローバルサウスで繰り広げられる紛争や難民問題の背後には資源を巡る争いがあることを踏まえれば、現代のモノづくりは、根本的に生態的にも、社会的にも破壊的な活動といえる。

世界の人口は、21世紀半ばの2050年までに90億人を突破、その後は増加のペースが鈍化していくものの、21世紀末までに100億人を突破すると予想されている。21世紀の私たちは、デイリーのいう「密な世界（多くの人と活動が過剰にある世界）[119]」の中で暮らしていかなければならない。そして密な世界の全ての住人が、今日のグローバルノースの消費レベルを享受するとしたら、環境影響は現在の数十倍になると言われている。またコストを押し付けてきた外部性が徐々に地球から消滅し、人類全体がその影響を受けており、「地球の終焉[120]」が現実のものとなってきており、今日のグローバルノースの消費レベルを全世界が享受することは不可能である。従ってデザイナーは、密な世界でサステナブルデザインを実践していくには、モノづくりは、人間と自然（生態系）が編み出す一つの網の中で、物質代謝している活動であることを自覚しなければならない。自然との物質代謝はモノづくりにおける「デザインの自然条件」なのである（図6)。そしてその上でサステナブルなモノづくりのあり方を模索しなければならない。

しかし地球の危機に対して、グローバルノースは、それを生んだ生産様式の変革ではなく、既存のモノづくりをグリーン化し、新たな市場フロンティアを生み出す形で対応してきた。なぜなら増え続ける人口は、企業にとっては有望な市場であり、更なる成長の機会を意味するからだ。その結果、生産者としてのデザイナーはエコデザインを実践するようになった。基本的にエコデザインは、モノづくりの破壊的側面を環境技術革新によってグリーン化することで、大量生産・大量消費型社会を維持するためのツールであり、技術革新により克服を目指すエコロジー的近代化論にもとづいている。環境技

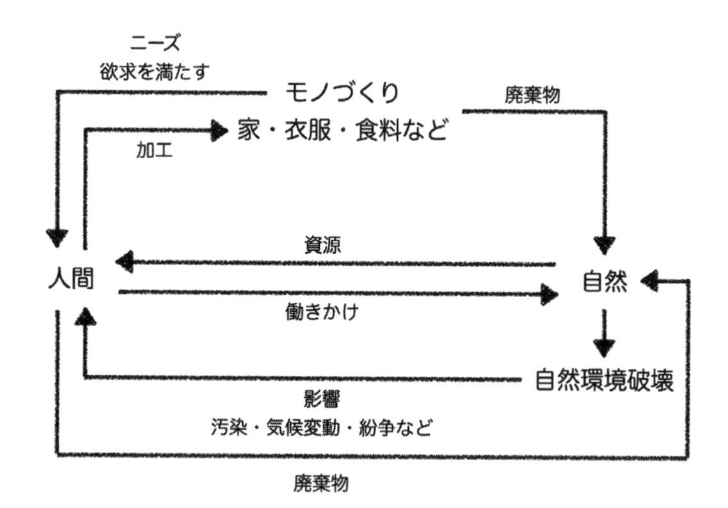

図6：デザインの自然的条件　筆者作成

術革新によって自然環境に対する負荷を低減することで経済成長と環境負荷をデカップリング（切り離し）し、企業にとっては、更なる経済成長をもたらしてくれるのである。このようにエコデザインは技術革新によって「成長の限界」及び「地球の限界（プラネタリーバウンダリー）」を乗り越えていこうとするのであるが、これは科学とテクノロジーが環境問題も解決してくれると考える科学至上主義の神話でしかない[121]。

しかし根本的に資本主義社会における企業活動の目的は資本蓄積である。そしてその中でデザイナーは、人々の本当の要求に応えるために必要なモノをつくるのではなく、企業を存続させるためだけに、売れそうな新商品をつくっている。なぜなら新商品を生み続けることは、経済的利益を生み、資本蓄積に貢献するからである。しかし必要のないモノを売らなければならないので、人為的に欲望を刺激する必要がある。そのための新商品は、宣伝広告によって憧れの生活や自己実現のイメージを装い、人々の欲望をかき立てるが、新商品が生み出され続けることで、その実現は永遠に先延ばしされてしまう。また利便性向上や課題解決、イノベーションが強調され福祉向上を錯覚させるが、多くは直ぐに使わなくなり、廃棄されたり、暮らしの些細な不満足をお節介にも解決してあげるようなモノである。従って環境に優しい企業が新しいエコ商品をつくり続けても「ジュボンズのパラドックス[122]」によって、結局は地球環境や社会公正を損なうことになる。どんなモノでも生産をグリーン化させたり、資源循環させたりすればサステナブルになると考えるのは間違いなのである。人類の繁栄や幸福にあまり寄与もせず、不必要な浪費を促すモノづくり自体もう止めるべきである。

■生産者としてのデザイナーから分解者としてのデザイナーへ

本書では多くの竹自転車の取り組みを見てきた。その結果見えてきたのは、竹自転車づくりは、どこにでもある竹をそのまま使って、特別な加工機械や設備、機材を使用しておらず、その気になれば誰もできるということである。このハードルの低さはとても重要である。なぜなら、それによって竹自転車の取り組みが、ＳＤＧｓを推進する手段として各地に普及するか否かを左右するからである。またハードルの低さは、経験や技能のない人でも気軽にワークショップへ参加したり、自分の手で竹自転車をつくることを可能にしている。このことから分かったことは、竹自転車づくりは売るために、誰かがつくった完成度の高いカッコいい商品づくり（交換価値の創造）を目指したデザイン活動ではなく、自分のため、家族のため、地域のため、自分でつくるもしくは自分でもつくれるモノづくり（使用価値の創造）を目指し民主化されたデザイン活動ということである。

生産者としてのデザイナーから見ると、このようなデザイン活動の台頭は受け入れ難いかもしれない。なぜなら生産者としてのデザイナーの存在意義に関わるからだ。長きにわたり生産者としてのデザイナーは、独自の世界観を持ち、ユニークでオリジナリティあるものをつくるように訓練されてきた。オリジナリティがあるモノを生み出すことこそが、創造性であると教え込まれてきた。そしてこのようなデザイン観は、教育機関やデザインジャーナリズムによっても長く強化されてきた。なぜならオリジナリティは希少性であり、この希少性が交換価値を生み、巡り巡って企業や国家の競争力を高め、資本蓄積に貢献するからだ。

今後カッコいい商品づくりを目指したデザイン活動はなくならないが、経済活動の目的が「ＧＤＰの果てしない成長」から自然環境の許容限界内での「均衡の取れた繁栄」へ変化する中で、それほど重要でなくなり、地域にある再生可能な自然資源を使って、自分のため、家族のため、地域のために自分でつくるもしくは自分でもつくれる「これでいいや」を目指したデザイン活動の重要性が高まるだろう。そしてこのような利益を得ることを目的とした資本の論理にもとづかないモノづくり文化の台頭は、暮らしの質を損なうものではない。生産者としてのデザイナーによってつくられたグッドデザインに囲まれて暮らすことが、良い暮らしと思わされ、消費者としての役割しか与えられてこなかった人々が、自らが生産消費者となり、暮らしや社会づくりの主体性や創造性を取り戻す機会になるからである。生産者としてのデザイナーは「人はだれでもデザイナーである。ほとんどどんなときも、われわれのすることはすべてデザインだ。デザインは人間活動の基礎だからである[123]」というヴィクター・パパネックが残した言葉を改めて思い返す必要があるだろう。

今後、筆者は「分解者としてのデザイナー」の役割が「密な世界」では求められると考える。分解者としてのデザイナーは、社会課題や自然環境問題の解決や傷ついた生態系の修復を目的に、地域資源を生かしてモノ・コトをつくる人々と筆者は捉えている。このようなデザイナーは、実はグローバルサウスを中心に生まれてきている。鈴木によれば利益を得ることを主要な目的とせず、地域の伝統や自然に根差しながら、社会包摂や市民社会、多様性に取り組み、社会公正や環境公正を目指したモノづくりがグローバルサウスにあるラテンアメリカで急速に生まれているという[124]。

本書で紹介した全ての人々は、世界中から資源を掻き集めるのではなく、身近に存在している竹を生かし、オープンデータや自由ソフトウェアを活用して竹自転車をつくり、また情報やアイデアをソーシャルメディアで共有することで世界に挑戦していた。そして竹自転車を中核に、地域にいる企業や市民、子ども、ＮＰＯ、関係人口が持っているアイデアや創造性、技術、人材といった社会資源や使われず生かされていないモノや施設といった遊休資源など、既に存在している地域資源を今までとは違った方法で働きかけ、それらをつなぎ合わせることで新しい価値創造を行なっていた。彼らは、地域が持つ生産基盤を編集し直し、新しいモノ・コトづくりのエコシステムを形成する中心的な役割を果たしていた。そして彼らは、「野生の思考」を持ち、地域資源を生かしたブリコラージュ的なモノ・コトづくりを通して自分や家族、地域の人々の本当の要求に応え、その結果ＳＤＧｓの推進に貢献していた。彼らの振る舞いは、分解者としてのデザイナーといえる。このような分

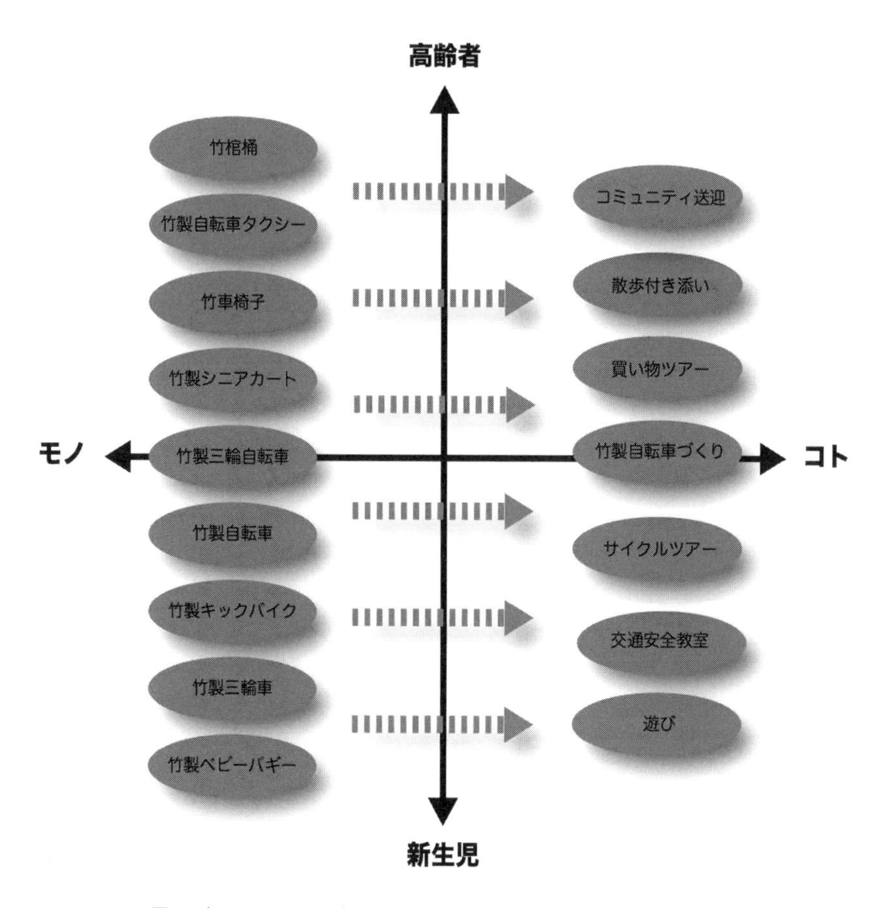

図７：各ライフステージに対応した竹の乗物と活用例　筆者作成

解者の視点で取り組むモノ・コトづくりが、竹自転車の取り組みから学ぶサステナブルデザインなのである。

■ＳＤＧｓ達成を推進する竹自転車づくり

今後、竹自転車の取り組みを通して地域全体でＳＤＧｓ達成を加速・強化していくには、ライフステージに合わせた様々な乗物をつくることが必要ではないだろうか。本書で見てきた取り組みの多くは、一部幼児用のキックバイクなども登場したが、成人を対象とした竹自転車を中心にしたものであった。しかし考えてみると、私たちは生まれてから死ぬまでのライフサイクルを通して、ベビーバギーや三輪車、普通自転車、車椅子、自転車タクシー、最後は棺桶など、様々な乗物を活用している。言い換えれば、地域の竹を使って多様な地域モビリティの要求に応じて、様々な竹の乗物がつくれるということではないだろうか。

またこれらの竹の乗物を活用し「コトづくり」に展開が可能である。例えばライフステージに合わせ自分の乗物をつくるワークショップやサイクルツアー、送迎サービスなど、地域のニーズに応じてソーシャルビジネスを展開していくことも可能である。地域でライフステージに応じた竹の乗物をつくり、活用していくことで、竹自転車は地域全体に広がり、竹乗物文化を醸成し自動車依存社会を変革していくかもしれない。

そして竹自転車の取り組みを通しＳＤＧｓ達成を加速・強化していくには、ＳＤＧｓ達成を取り組みの中心に据え、すべての目標達成に向け、取り組みを再構築していく必要がある。つまり「竹自転車の取り組みが何となく複数のＳＤＧｓ達成に対応している」のではなく「ＳＤＧｓ達成を推進することを目的とした竹自転車の取り組み」に意識的に変革する必要があるのである。自らの取り組みが、ＳＤＧｓの一部に貢献しているから安心して終わりではなく、ＳＤＧｓを活用し、達成に貢献できていない目標をみつけ、全ての目標達成ができるように取り組みをリデザインする必要がある（本書で紹介した取り組みで、明確にＳＤＧｓ達成を活動の目標に据え意図的に取り組んでいるものは、ブーマーズ （ガーナ）を除いてなかった）。直接自分たちの取り組みでは関与できない場合は、収益の一部を寄付するなど、間接的に活動を支援し達成に寄与することも可能であろう。竹自転車の取り組みは、ＳＤＧｓ達成をパーパス（存在意義）に据えることでアップデートされ、より効果的に包括的に社会問題や環境問題を解決することができるようになり、2030年のＳＤＧｓ達成期限に向け取り組みをより加速することができるようになると思う。

あとがき

本書でも登場したインドネシアのスペダギが、2018年に公益財団法人日本デザイン振興会が主催しているグッドデザイン賞金賞を受賞したり、同年にフィリピンのバンバイク（幼児用竹製キックバイク）がグッドデザイン賞を受賞したりした。その結果、竹自転車を雑誌や展覧会、テレビなどで目にする機会が増えてきた。しかし、取り上げられ方を見ると、竹という再生可能な自然素材で自転車という工業製品をつくる、その意外性や物珍しさ、乗り心地など、プロダクトそれ自体や竹自転車の社会貢献性に関心が向けられており、持続可能な社会に向けた社会変革の可能性が語られず、単なるトレンドでしか捉えられていない状況に苛立ちを感じていたことが、本書を執筆する動機にあった。

竹は、自転車だけでなく、建築や床材、家具、衣服、玩具、薬、観光、繊維、パルプ、環境浄化や修復、エネルギー源など、様々な用途に使われている。Bamboos Market Size & Analysis Report、2021-2028によると、竹のグローバル市場規模は毎年拡大しており、2020年には、530億米ドル（約6108億円）にまで達し、2028年まで年間約5.7％で成長していくことが予測されている[125]。木に比べ成長が早い竹は、木材の代替品として期待され、地球環境に優しく、サステナブルなデザインの切り札として期待されている。一方で竹製品は、エコで売れるという理由で、わざわざ天然林を切り開き、竹林を造成したり、環境汚染を引き起こす化学薬品を使用して処理した竹を使って、衣服をつくったり、化石燃料を大量に消費をしながら長距離輸送して世界中に竹製品を流通させたりするなど、グリーンウォッシュ（もしくはバンブーウォッシュ）的な事例も見受けられる。本書で登場した取り組みの中にもグローバルノースへ竹自転車や丸竹を輸出（長距離輸送）することで、グローバルサウスの貧困問題を緩和するなどの事例もあり、その意味で竹自転車は、全ての問題を解決してくれる魔法の杖ではない。しかし竹自転車の取り組みは、実施主体が地域の事情に合わせて、ＳＤＧｓ達成を目的とした活動に意識的に変革することで、それぞれの地域でサステナブルな未来をひらく強力なツールとなり得るのではないかと思う。

本書の出版にあたっては、2022年度東京造形大学教育研究助成金を受けた。ここに深く感謝の意を表す。

■本書で登場した企業・団体一覧

国	企業・団体名……ホームページ
ガーナ	ブーマーズ……https://booomers.com
ザンビア	ザンバイクス……https://zambikes.saleshop.jp
フィリピン	バンバイク……https://www.bambike.com
タイ	ブラウンバイク……https://www.facebook.com/brownbikecm
インド	バンブーチバイシクル……https://bamboochicycle.com
ネパール	アバリ……http://abari.earth
中国	バンブーバイク北京……https://www.bamboobicyclesbj.com
	シンプルバイクス……https://simple.bike
ベトナム	ベトバンブーバイク……https://vietbamboobike.com
インドネシア	イーストバリバンブーバイクス……https://www.eastbalibamboobikes.com
	スペダギ……https://www.spedagi.com
日本	スペダギジャパン……http://spedagijapan.com/index_jp
オーストリア	バンブーライド……http://www.bambooride.com
	クロスオーバー……https://www.tandem-crossover.eu
ドイツ	マイブー……https://www.my-boo.de
オランダ	プロジェクトライフサイクル……https://www.project-lifecycle.org
イギリス	バンブーバイシクルクラブ……https://bamboobicycleclub.org
フランス	ブレイズバンブーバイク……https://breizhbamboo.bike
スペイン	バンブーバイシクルツアー……https://www.bamboobiketour.com
アルゼンチン	マスエリデザイン……https://masuellidesign.com
ブラジル	アートバイクバンブー……https://www.artbikebamboo.com.br
メキシコ	バンブーサイクルズ……https://bamboocycles.com
アメリカ	バンブーバイクハワイ……https://bamboobikeshi.com

注

■はじめに

1. バンブーと竹は、植物分類学上、全く違うものだが本書では混乱を避けるため断りがない限り「竹」に統一して使用する。
2. スザンヌ・ルーカス著, 山田美明訳「竹の文化誌」原書房, 2021年
3. 漢字文化資料館「漢字Q＆A」https://kanjibunka.com/kanji-faq/old-faq/q0072/（最終閲覧日：2021年9月14日）
4. Ibid.
5. 文化人類学者のレヴィ＝ストロースが「野生の思考」の中で紹介した。端切れや余り物を使って、その本来の用途とは関係なく、当面の必要性に役立つ道具を作ることで世界各地に見られる営み。
6. 呼称に関してはバンブーバイクや竹自転車など、様々あるが本書では断りがない限り竹自転車を使用する。
7. 世界デザイン機構（WDO）「Board Report 2017-2019 Towards Growth」https://wdo.org/wp-content/uploads/2019/12/WDO-BoardReport2019_Dec17-Lores-1.pdf（最終閲覧日：2022年2月12日）

■第一部

8. イギリスの鍛冶屋カークパトリック・マクミランが発明したペダルによる後輪駆動の自転車。この発明によってペダルを踏んで進むことができるようになり地面を蹴らなくて良くなった。
9. フランスの鍛冶屋ピエール・ミショーが発明した前輪にペダルとクランクを装着した前輪駆動の自転車。別名ボーンシェーカーと呼ばれるほど、乗り心地が悪かった（公益財団法人シマノ・サイクルセンター「自転車の歴史」http://www.bikemuse.jp/knowledge/（最終閲覧日：2021年2月21日）
10. 巨大な前輪に比べ後輪が小さく、前輪にペダルとクランクを装着した前輪駆動の自転車。
11. 佐野裕二著「自転車の文化史」中公文庫, 1988年
12. Bike Bamboo「Bamboo Cycle Co Ltd Catalogue 1897」http://www.bikebamboo.com/bamboo_bicycles.php（最終閲覧日：2021年8月24日）
13. 国際連合の主催によりブラジルのリオ・デ・ジャネイロで環境と開発をテーマとして開催され、世界各国首脳や産業団体、市民団体などの非政府組織（NGO）が参加した。
14. バス・フォン・アベル他著「オープンデザイン」オライリー・ジャパン, 2013年
15. Calfee Design「Celebrating 30 Years in Business」https://calfeedesign.com/calfee-history（最終閲覧日：2022年2月21日）
16. バックミンスター・フラーが提唱した概念と言われ、Tension（張力）とIntegrity（統合）を掛け合わせた造語。竹が互いに接続されておらず、ケーブルとのバランスによって成

立する竹フレーム。
17. Platas Iván and Niklass Karl（2018）BAMBOO, the wonder material to reinvent mobility. “Automotive, Sports and Recreation Industry”, World Bamboo Net.
18. Designboom「Ross Lovegrove: 'the bamboo' bicycle for biomega at milan design week 09」https://www.designboom.com/design/ross-lovegrove-the-bamboo-bicycle-for-biomega-at-milan-design-week-09/（最終閲覧日：2022年2月21日）
19. 益田文和「再生可能な地域資源を活用したサステナブルデザインによる、新しいものづくり・サービス産業の実証モデル」2016年『アサヒグループ学術振興財団研究紀要』
20. 社会的企業とは、社会や環境問題の解決を目的として収益事業に取り組む企業。
21. シュピッツナーゲル 典子「レース自転車メーカーの「エコ」な途上国支援世界最高峰の技術で竹の自転車を作ろう」https://jbpress.ismedia.jp/articles/-/3702（最終閲覧日2022年3月21日）
22. 樹木を植栽し、樹間で家畜・農作物を飼育・栽培する農林業のこと。
23. Boomers「Our purpose」https://booomers.com/pages/our-purpose （最終閲覧日：2022年2月23日）
24. 原貫太著「あなたとＳＤＧｓをつなぐ「世界を正しく見る」習慣」KADOKAWA, 2021年
25. Fashionsnap「アフリカ南部で生まれたハンドメイドのバンブーバイク 日本上陸」https://www.fashionsnap.com/article/2012-01-17/zambikes/（最終閲覧日：2022年2月23日）
26. Zambikes Japan「About」https://zambikes.saleshop.jp/（最終閲覧日：2022年1月11日）
27. Bambike「Sustainability」https://www.bambike.com/sustainability（最終閲覧日：2021年12月11日）
28. スペイン人によって16世紀に現在のマニラ市に建設された城郭都市で、2020年には、フィリピン政府によって「持続可能な創造的都市遺産地区」に指定されている。
29. 不確実性や複雑性、変動性が増す現在の世界で、社会や経済、環境、文化の急速な変化に起因する困難に適切に対処するためには、節度や合理性、自己免疫が必要という考え方で、プーミポン・アドゥンヤデート前国王（ラーマ9世）が提唱した思想。
30. Bamboochi bicycle「About us」https://bamboochicycle.com/about-us（最終閲覧日：2022年1月5日）
31. Abari「Our story」http://abari.earth/our-story/（最終閲覧日：2022年1月5日）
32. Insider「This electric bike was designed in Nepal using local bamboo to transport tourists and packages — here's how it works」https://www.businessinsider.com/habre-eco-bike-in-kathmandu-nepal-is-made-of-bamboo-2020-6（最終閲覧日：2021年12月4日）
33. Matuszak Sascha「The Bamboo Bicycles of Chengdu」、『China File』2012年2月18日「Features」
34. アジア経済ニュース「全国の自動車保有台数、３月末で2.87億台」https://www.nna.jp/news/show/2174407 （最終閲覧日：2021年9月7日）
35. https://www.bamboobicyclesbj.com/pdfs/BBBWorkshopGuide.pdf
36. Simple bikes「The humble story of simple bikes」https://simple.bike/pages/our-story

（最終閲覧日：2021年9月7日）
37. Viet Bamboo Bike「The story of Viet Bamboo Bike」https://vietbamboobike.com/pages/the-story-of-viet-bamboo-bike（最終閲覧日：2021年10月7日）
38. East Bali Bamboo Bikes「Our project」https://www.eastbalibamboobikes.com/our-project（最終閲覧日：2021年12月9日）
39. バンブー・バイクス・イニシアティブのホームページ：https://cop23.unfccc.int/climate-action/momentum-for-change/women-for-results/ghana-bamboo-bikes-initiative
40. Our World国連大学ウェブマガジン「竹自転車に乗って持続可能な発展へ」https://ourworld.unu.edu/jp/riding-towards-sustainable-development-on-bamboo（最終閲覧日：2021年2月21日）
41. Luxiders「My boo… Bamboo in motion」https://luxiders.com/my-boo-bicycle-bamboo/（最終閲覧日：2021年2月21日）
42. 2021年2月1日に発生したクーデターによる国内情勢不安定のため2021年12月現在休止中。
43. Bamboo Bicycle Club「About us」https://bamboobicycleclub.org/pages/our-story（最終閲覧日：2021年2月21日）
44. https://www.youtube.com/c/BamboobicycleclubOrg
45. AFP BB NEWS「自分だけのオリジナル自転車を竹で作ろう, ロンドン」https://www.afpbb.com/articles/fp/2937955（最終閲覧日：2021年5月15日）
46. Cote brest「Il fabrique des vélos en bambou à Brest」https://actu.fr/bretagne/brest_29019/il-fabrique-velos-bambou-brest_22930590.html（最終閲覧日：2021年12月3日）
47. アリアス　アルベルト・石黒侑介著「バルセロナ市の取り組み：都市デスティネーションの持続可能なマネジメント」2021年『CATS 叢書』No.13, pp.25-61
48. ニューズウィーク「世界遺産の砂丘が壊滅？　原因は観光客の野外のいけない行為」https://www.newsweekjapan.jp/stories/world/2019/07/post-12439.php（最終閲覧日：2021年2月21日）
49. Bike cadのホームページ：https://www.bikecad.ca/
50. コロンビア共和国で3番目に人口が多い大都市で、バジェ・デル・カウカ県の県都。
51. アルビン・トフラー著「第三の波」日本放送出版協会, 1980年
52. クロード・レヴィ＝ストロース著「野生の思考」みすず書房, 1976年
53. エツィオ・マンズィーニは、イタリアのデザイン学者で、社会的革新と持続可能性のためのデザインに関する研究で知られている。また世界の美術・デザイン系大学が参加するDESISネットワークの創設者。東京造形大学もTZU DESIS Lab.として参加している。
54. Ezio Manizini Design, when everybody designs MIT Press, 2015年

■第二部
55. 河本晃利（2011）「インドネシアの生物多様性の現況と保全施策について」2011年『海外の森林と林業』No.82, pp.22-27
56. 外務省「インドネシア基礎データ」https://www.mofa.go.jp/mofaj/area/indonesia/

data.html（最終閲覧日：2022年2月24日）

57. 国土交通省「インドネシア」https://www.mlit.go.jp/common/000116965.pdf（最終閲覧日：2022年2月24日）
58. 関本照夫「言語・民族」インドネシアの事典．同朋社，1991年，p.5
59. 佐藤百合著「経済大国インドネシア　21世紀の成長の条件」中公新書，2012年
60. 荊安望 et.al.著，島津弘監修「ポプラディアプラス　世界の国々　アジア州」ポプラ社，2019年
61. 佐藤百合著「民主化時代のインドネシア―政治経済変動と制度改革」日本貿易振興会アジア経済研究所，2002年
62. 日本証券経済研究所著「環南シナ海の国・地域の金融・資本市場」日本証券経済研究所，2018年
63. SankeiBiz「インドネシア、2050年ＧＤＰ4位に　世界のトップ５入り」https://www.sankeibiz.jp/macro/news/150407/mcb1504070500033-n1.htm（最終閲覧日：2021年2月21日）
64. 経済成長は、都市や農村部に製造業やサービス業、建設業などでの就労機会を生み出し、高い賃金を求め農村から人々が流れ込んだ結果、都市人口は増加している。インドネシアでは、多くの人が農林水産業に従事しており、約7万5000ある村（Desa）で暮らしているが、最大の労働市場である農業の就業人口は年々減少傾向にある。都市人口は1990年代以降増加し続け、現在では50％を越えている。ジャカルタ首都圏の人口は、約3200万人に膨れ上がり、ジャワ島の約21％の人口が集中している。
65. それぞれの島や州の内部にある貧しい農村から経済的に豊かな都市部へ人口が流出することによって、都市部に労働者だけでなく、モノや金、情報も集まりイノベーションが加速し、更なる富を生み出す一方、農村部では担い手不足のためイノベーションが起こらず、社会資本の整備格差も要因となり、不均等な発展が進み都市農村格差が起きている。
66. 川村晃一の「インドネシアで拡大する経済格差」によると、経済成長は、インドネシアの貧困人口を減少させてきたが、所得格差は拡大する傾向が続いている。不平等度を示す指標であるジニ係数は、スハルト時代における高度経済成長期だった1990年代から上昇する傾向が続き、一時的に下がった通貨危機直後には0.31だったジニ係数は、2011年に0.41に達し、2015年までその値で高止まりしている。https://gmc.nikkei-r.co.jp/features/column_detail/id=896　（閲覧日：2022年3月7日）
67. 国際協力銀行の「インドネシアの投資環境2019」の報告によると，GDPの構成比では、ジャワ島には国内GDPの約59％、スマトラ島は約22％、カリマンタン島は約8％、スラウェシ島は約6％、国際的観光地バリ島がある事で有名な小スンダ諸島は約3％、マルク・パプア諸島は約2％となっており、ジャワ島に富が集中しており、地域間格差を生んでいる。
68. FAOの「世界森林資源評価2020」によると1960年代末から熱帯林を伐採し、プランテーション開発に土地を転用し、アブラヤシやユーカリ、ゴムノキ、コーヒー豆などの農作物を大量生産したり、インフラ整備や地下資源開発、自然保護区での違法伐採などの

活動が拡大したりすることで劇的に熱帯林は減少し始めた。違法伐採も地域住民や企業によって行われている。

69. JETROによるとインドネシアでは、1日当たり約9万トンもの廃棄物が排出されている。家庭から排出される生活系廃棄物には、有価物が少ないため，近くの河川や空き地にそのまま投棄され，間接的に河川などの水質汚染の原因の一つになっている。生活系廃棄物は、回収されても分別されることなく、トラックで処分場に運び込まれ、オープンダンプ方式でそのまま覆土もされず野積みにされたり、焼却されたりするため、発生する煙によって周辺住民の健康を害したりしている。また年間680万トンのプラスチックが廃棄されており、その70%は、焼却や埋め立て、海洋や河川へ投棄されている。JETRO「ピンチをチャンスに」、環境問題に取り組むスタートアップ（インドネシア）」https://www.jetro.go.jp/biz/areareports/special/2021/0401/bbd147d0e652efd4.html（最終閲覧日：2021年10月18日）

70. 環境省によると移動発生源として、自動車やオートバイから排出される一酸化炭素や炭化水素、窒素酸化物、浮遊粒子状物質による大気汚染が都市部で深刻化している。固定発生源として、工場や事業所、石炭火力発電所から排出される粉塵や二酸化硫黄、窒素酸化物、塩化水素などによる大気汚染が各地で深刻化している。環境省「インドネシアにおける環境汚染などの現状」https://www.env.go.jp/air/tech/ine/asia/indonesia/files/pollution/files/pollution.pdf（最終閲覧日：2021年10月18日）

71. 環境省によるとインドネシアでは、河川や天から採取された水は、農業用や工業用、生活用として消費され、使用後は汚水として河川や海に排水される。汚染の60%から70%は、生活排水が原因とされ、30%から40%は、繊維業、パーム油産業、農業など、産業排水が原因と言われている。インドネシアでは下水道整備が遅れているため、生活排水は、地下に浸透させるか、河川に垂れ流すしか方法がなく、河川や地下水を汚染している。また一般的な工場では、排水処理設備を設置していないため、重金属を含む汚染された工場排水や農業で多量に使用される農薬、鉱物資源を採取する際に出る排石や汚染水も未処理のまま垂れ流されるため、生態系を破壊すると同時に人々の健康を脅かしている（Ibid.）。

72. 生活費や環境汚染、ヘルスケア、治安、交通渋滞、気候などの観点で生活の質を評価し、順位付けしたもの。

73. NUMBEO「Quality of Life Index 2020 by cities」https://www.numbeo.com/quality-of-life/rankings.jsp?title=2020　（最終閲覧日：2021年8月9日）

74. ICA「インドネシア国持続可能な開発目標（SDGs）の計画・運営推進に関する情報収集・確認調査ファイナル・レポート」https://openjicareport.jica.go.jp/pdf/12307195.pdf（最終閲覧日：2022年3月3日）

75. Jeffrey Sachs et.al. Sustainable Development Report 2021 Cambridge University Press, 2022

76. リチャード・バックミンスター フラー著「バックミンスター・フラーのダイマキシオンの世界」鹿島出版, 2008年

77. ケイト・ラワース著, 黒輪篤嗣訳「ドーナツ経済」河出文庫, 2021年

78. ヴィクター・パパネック著, 阿部公正訳「生きのびるためのデザイン」晶文社, 1974年
79. アリス・アーロン著, 石原薫訳「姿勢としてのデザイン」フィルムアート社, 2019年
80. 2020年に行われた国勢調査ではカンダンガン村の人口は約5万2000人。
81. アルビン・トフラー著, 徳山二郎訳「未来の衝撃」中公文庫, 1982年
82. PTとは、Perseroan Terbatasの略で日本の一般的な株式会社に相当する。
83. ウィリアム マクダナー・マイケル ブラウンガート著「サステイナブルなものづくり―ゆりかごからゆりかごへ」人間と歴史社, 2009年
84. インドネシア伝統工芸のろうけつ染め。それぞれの地域（ジョグジャカルタやスラカルタ、ペカロンガン、マドゥラ島など）に伝統の模様がある。
85. 世界各国のマクロ経済と産業に関する統計データを提供するCEIC によると、2021年インドネシアの平均月収は、170ドルで約２万1000円となっている。
86. The Jakarta Post「Bamboo bike movement seek to revitalize Indonesian village」https://www.thejakartapost.com/life/2017/05/18/bamboo-bike-movement-seeks-to-revitalize-indonesian-village.html（最終閲覧日：2022年3月13日）
87. CNN「Gerakan Membangun Desa Kreatif - Insight With Desi Anwar」https://www.youtube.com/watch?v=8PzpWGvjTSI（最終閲覧日：2022年3月13日）
88. Designboom「Bamboo bicycle by spedagi wins Japan GOOD DESIGN gold award」https://www.designboom.com/design/spedagi-bamboo-bicycle-good-design-award-11-07-2018/（最終閲覧日：2022年3月13日）
89. Mongbay「Cerita Sepeda Bambu yang Dikayuh Jokowi」https://www.mongabay.co.id/2019/01/28/cerita-sepeda-bambu-yang-dikayuh-jokowi/（最終閲覧日：2022年3月13日）
90. 風の旅行社「「Bamboo Bike」で持続可能な社会に取り組むインドネシアの二つの村を訪れる6日間」https://www.kaze-travel.co.jp/oz-i-spedagi.html（最終閲覧日：2022年3月13日）
91. ICVR「home」https://icvr.spedagi.org/en/home-2/ （最終閲覧日：2022年3月15日）
92. パサーパプリンガン公式フェイスブック：https://www.facebook.com/PasarPapringan
93. 別名ジャワ・バリ暦と呼ばれ、ジャワ島やバリ島で使用されている。
94. 一般社団法人Spedagi Japanの顧問でもある。
95. 山口市「介護保険の統計情報」https://www.city.yamaguchi.lg.jp/soshiki/56/105955.html （最終閲覧日：2022年3月24日）
96. 益田文和「再生可能な地域資源を活用したサステナブルデザインによる、新しいものづくり・サービス産業の実証モデル」2016年『アサヒグループ学術振興財団研究紀要』
97. 京都のGerworksは真竹を使った竹自転車をつくっている。Gerworksのホームページ：https://gerworks.sakura.ne.jp/index_jp.html#page-top
98. 2021年7月から12月の間に山口市、宇部市、萩市、防府市、美祢市、山陽小野田市、島根県津和野町で開催された伝統・文化や自然、食などを紹介し全国に発信するイベント。
99. 1994年に公開された高畑勲監督の作品。
100. とうきょう林業サポート隊のホームページ：https://ringyou-support.tokyo/
101. 八王子市作成の「高齢者を取り巻く状況と将来推計について」によると2019年現在、

八王子市内では、平均高齢化率を上回る圏域は、中野（31%）、川口（31.7%）、元八王子（31.8%）、恩方（36.1%）、めじろ台（32.1%）、長房（35.3%）、長沼（31.2%）となっている。全圏域で高齢化率が上昇しており、3人に1人以上が高齢者である圏域もある状況である。
102. 有限会社沖倉製材所（あきる野市）では「東京十二木」という名前でブランド化しており、キックバイクでは、沖倉製材所が製材した杉、檜、桐、山桜、カヤ、欅、朴木、楠木、栃木、銀杏、栗、樅の12種類を使用している。
103. 「スペダギ・バンブーバイクプロジェクト」という名称で始まった授業は、2021年度から本田氏に代わって藤田咲恵氏（一般社団法人Spedagi Japan代表理事）が参加し、授業名を「スペダギ東京プロジェクト」に変更した。
104. あきる野市などで多く栽培されるアブラナ科アブラナ属の野菜で、江戸東京野菜の一つ。
105. 環境省「生物多様性保全上重要な里地里山」https://www.env.go.jp/nature/satoyama/13_tokyo/no13-2.html （最終閲覧日：2022年3月22日）
106. 岸由二著「自然へのまなざしーナチュラリストたちの大地」紀伊國屋書店, 1996年
107. 藤本染工芸のウェイサイト：https://fujimotosen.jimdofree.com/
108. 里山農業クラブ・メカイ保存普及会「メカイの作り方」, 2019年
109. 八王子住まいづくり市民塾のホームページ：https://chikurin50.com/
110. 全ての作品は、バンブーランバイクアートプロジェクト展のカタログに掲載されている。下記のURLからダウンロード可能。https://spedagijapan.com/jp_blog/the-book-for-the-bamboo-runbike-art-project-exhibition-is-now-available-jp
111. 本プロジェクトに協力いただいた方は、有限会社藤本染工芸（元横山町）、野口染物店（中野上町）、株式会社ひきだ（宇津木町）、澤井織物工場（高月町）、ＮＰＯ法人結の会（元八王子町）、下田浩平（八王子市）、ａｓａｈｉ（八王子市）、株式会社オープンハウス（山口市）、塚田宏美（川崎市）、有限会社沖倉製材所（あきる野市）。
112. Sketch of Japan共同代表・映像ディレクター・Sketch of Japan代表・東京造形大学非常勤講師（当時）、青山学院大学、相模女子大学、玉川大学非常勤講師。
113. https://www.facebook.com/sketchofjapan
114. https://www.youtube.com/watch?v=oBfpOk74yEc&t=1s
115. 国連「世界都市人口予測・2018年改訂版」国際連合経済社会局, 2018年
116. Gregory Scruggs「There are 10,000 Cities on Planet Earth. Half Didn't Exist 40 Years Ago」https://nextcity.org/urbanist-news/there-are-10000-cities-on-planet-earth-half-didnt-exist-40-years-ago#:~:text=Groundbreaking%20new%20mapping%20research%20released,trajectory%20as%20they%20did%20Rome's.（最終閲覧日：2022年3月15日）

■結論

117. ハーマン・デイリー著「持続可能な発展の経済学」みすず書房, 2005年
118. シュレーダー＝フレチェット編, 京都生命倫理研究会訳「環境の倫理」晃洋書房, 1993年.

119. ハーマン・デイリー著「持続可能な発展の経済学」みすず書房, 2005年.
120. ビル・マッキベン著「自然の終焉—環境破壊の現在と近未来」河出書房新社, 1990年
121. シュレーダー＝フレチェット編, 京都生命倫理研究会訳「環境の倫理」晃洋書房, 1993年.
122. 技術の進歩により資源利用の効率性が向上したにもかかわらず、資源の消費量は減らずにむしろ増加してしまう逆説的な現象が起こるという矛盾。
123. ヴィクター・パパネック著, 阿部公正訳「生きのびるためのデザイン」晶文社, 1974年
124. 鈴木美和子著「文化資本としてのデザイン活動 ラテンアメリカ諸国の新潮流」水曜社, 2013年
125. Grand View Research「Bamboos Market Size & Analysis Report 2021-2028　https://www.grandviewresearch.com/industry-analysis/bamboos-market」（最終閲覧日2022年3月29日）

岩瀬大地（いわせ・だいち）
1977年、東京生まれ。2003年、東京造形大学造形学部環境計画卒業。2013年、タイ国立マヒドン大学大学院環境資源学研究科卒業（Ph.D. in Environment and Resources Studies）。専門はサステナブルデザイン。地域資源、ローカルデザイン、ＳＤＧｓ、東南アジア、多摩地域、竹自転車をキーワードに研究を行なっている。現在、東京造形大学造形学部プロジェクト科目准教授・一般社団法人スペダギジャパン理事・TZU DESIS Lab. ディレクター・タイ国立キングモンクット工科大学トンブリ校建築・デザイン学部客員研究員（2022年～2023年）。グッドライフアワード（環境アート&デザイン賞）（環境省）・キッズデザイン賞受賞（経済産業省）・桑沢学園奨励賞受賞。

イラスト　藤田咲恵

竹自転車とサステナビリティ
世界の竹自転車づくりから学ぶサステナブルデザイン

2022年7月22日　初版第１刷発行

著　者　岩瀬大地

発行所　株式会社　風人社
〒201-0005　東京都狛江市岩戸南1-2-6-704
TEL　03-5761-7941
FAX　03-5761-7942
ホームページ　https: // www. fujinsha. co. jp

印　刷　シナノ印刷

ISBN 978-4-910793-01-6 C0070